普通高等院校"新工科"创新教育精品课程系列教材
教育部高等学校机械类专业教学指导委员会推荐教材

工业机器人操作与编程

主　编　王素娟
副主编　秦　琴　曹建清
参　编　徐　涛　屠子美
　　　　王　桐　胡　玲

U0303260

华中科技大学出版社
中国·武汉

内 容 提 要

本书共分为5个章节,第1章介绍了工业机器人的基础知识,包括工业机器人的概念、分类、组成和主要参数,从第2章开始,以ABB工业机器人为对象,详细介绍了工业机器人的手动操作、输入/输出设置、编程以及ABB的离线仿真软件RobotStudio的基本应用,包括在仿真软件中建立模型、工作站及离线编程操作等,使读者对ABB工业机器人及其操作和编程有一个较为全面而且翔实的了解。

本书深入浅出,贴近现场应用,既可作为应用型本科院校和高职院校工业机器人技术、机电一体化、电气自动化等相关专业的教材,又可作为工业机器人应用的培训教学用书,还可供从事工业机器人操作与编程的专业技术人员参考。

图书在版编目(CIP)数据

工业机器人操作与编程/王素娟主编.—武汉:华中科技大学出版社,2018.7(2025.1重印)
普通高等院校"新工科"创新教育精品课程系列教材
教育部高等学校机械类专业教学指导委员会推荐教材
ISBN 978-7-5680-4297-0

Ⅰ.①工… Ⅱ.①王… Ⅲ.①工业机器人-操作-高等学校-教材 ②工业机器人-程序设计-高等学校-教材 Ⅳ.①TP242.2

中国版本图书馆 CIP 数据核字(2018)第 161012 号

工业机器人操作与编程 王素娟 主编
Gongye Jiqiren Caozuo yu Biancheng

策划编辑:赵 格
责任编辑:刘 飞
封面设计:杨玉凡
责任校对:张会军
责任监印:周治超

出版发行:华中科技大学出版社(中国·武汉) 电话:(027)81321913
武汉市东湖新技术开发区华工科技园 邮编:430223

录 排:华中科技大学惠友文印中心
印 刷:武汉邮科印务有限公司
开 本:787mm×1092mm 1/16
印 张:11.25
字 数:289千字
版 次:2025年1月第1版第10次印刷
定 价:39.80元

普通高等院校"新工科"创新教育精品课程系列教材
教育部高等学校机械类专业教学指导委员会推荐教材

编审委员会

顾问：李培根（华中科技大学）　　段宝岩（西安电子科技大学）
　　　杨华勇（浙江大学）　　　　赵　继（东北大学）
　　　顾佩华（汕头大学）

主任：奚立峰（上海交通大学）　　刘　宏（哈尔滨工业大学）
　　　吴　波（华中科技大学）　　陈雪峰（西安交通大学）

秘书：俞道凯　　万亚军

出 版 说 明

为深化工程教育改革，推进"新工科"建设与发展，教育部于 2017 年发布了《教育部高等教育司关于开展新工科研究与实践的通知》，其中指出"新工科"要体现五个"新"，即工程教育的新理念、学科专业的新结构、人才培养的新模式、教育教学的新质量、分类发展的新体系。教育部高等学校机械类专业教学指导委员会也发出了将"新"落实在教材和教学方法上的呼吁。

我社积极响应号召，组织策划了本套"普通高等院校'新工科'创新教育精品课程系列教材"，本套教材均由全国各高校处于"新工科"教育一线的专家和老师编写，是全国各高校探索"新工科"建设的最新成果，反映了国内"新工科"教育改革的前沿动向。同时，本套教材也是"教育部高等学校机械类专业教学指导委员会推荐教材"。我社成立了以李培根院士、段宝岩院士、杨华勇院士、赵继教授、顾佩华教授为顾问，奚立峰教授、刘宏教授、吴波教授、陈雪峰教授为主任的"'新工科'视域下的课程与教材建设小组"，为本套教材构建了阵容强大的编审委员会，编审委员会对教材进行审核认定，使得本套教材从形式到内容上保持高质量。

本套教材包含了机械类专业传统课程的新编教材，以及培养学生大工程观和创新思维的新课程教材等，并且紧贴专业教学改革的新要求，着眼于专业和课程的边界再设计、课程重构及多学科的交叉融合，同时配套了精品数字化教学资源，综合利用各种资源灵活地为教学服务，打造工程教育的新模式。希望借由本套教材，能将"新工科"的"新"落地在教材和教学方法上，为培养适应和引领未来工程需求的人才提供助力。

感谢积极参与本套教材编写的老师们，感谢关心、支持和帮助本套教材编写与出版的单位和同志们，也欢迎更多对"新工科"建设有热情、有想法的专家和老师加入到本套教材的编写中来。

华中科技大学出版社
2018 年 7 月

前　　言

　　机器人对于高强度、重复性、恶劣环境的工作岗位具有更好的适应性,也是填补劳动力不足的最佳选择。工业机器人已经能够替代人类从事分拣、搬运、上下料、焊接、机械加工、装配、检测、码垛等制造业中绝大部分的工作。尤其是,制造业劳动力成本的持续上升和机器人价格的下降增强了机器人工业应用的性价比。目前,汽车产业、电子制造产业的大规模量产技术中,各种机器人被大量采用。而未来,制造业的各个行业都将大规模采用机器人。

　　工业机器人是面向工业领域的多关节机械手或多自由度的机器装置,它能自动执行工作,是靠自身动力和控制能力来实现各种功能的一种机器。它可以接受人类指挥,也可以按照预先编排的程序运行,现代的工业机器人还可以根据人工智能技术制定的原则纲领行动。因此,其编程和操作是工业机器人操作、调试、维修人员必须掌握的基本技能。

　　本书着重培养读者对工业机器人的操作与编程能力,在系统介绍了工业机器人手动操作、示教编程、再现运行的方法和步骤后,详细阐述了机器人的数据类型、编程指令和程序建立要点,还对 ABB 仿真软件 RobotStudio 的使用进行了深入说明。它可为企业工业机器人程序设计、使用、调试人员及高校相关专业师生提供参考。

　　第 1 章介绍了工业机器人的概念、产生和发展;工业机器人的组成和技术性能;工业机器人的分类及特点;工业机器人的主要参数。

　　第 2 章详细阐述了工业机器人的坐标系和动作模式;工业机器人示教器的使用;机器人系统的设置;机器人手动操作的方法和步骤。

　　第 3 章介绍了 ABB 工业机器人输入/输出信号的分类及连接方式;深入介绍了输入/输出信号的设置方法和步骤。

　　第 4 章系统介绍了 RAPID 程序的结构、数据类型、常见编程指令,并通过实例介绍了编程步骤。

　　第 5 章深入介绍了 RobotStudio 的基本使用方法,包括软件的安装、机器人系统的配置、各种模型的创建、机器人工作站的构建,并通过实例介绍了离线编程方法和步骤。

　　本书所有的操作都是在 RobotStudio 6.01 软件中模拟仿真的。

　　由于编者水平有限,书中难免存在疏漏和缺点,敬请广大读者批评指正,以进一步提高本书的质量。

编　者

2018 年 5 月

目　　录

第1章 工业机器人概述

学习目标:
(1) 掌握工业机器人的概念及特点;
(2) 了解工业机器人的发展历程;
(3) 熟悉工业机器人的常见分类及其行业应用。

1.1 工业机器人的概念

工业机器人是自动执行工作的机器装置,是靠自身动力和控制能力来实现各种功能的一种机器。它可以接受人类指挥,也可以按照预先编排的程序运行,现代的工业机器人还可以根据人工智能技术制定的原则纲领行动。由于机器人技术还在发展,新的机型、新的功能仍在不断涌现,因此目前世界各国对机器人还没有一个统一的定义。

美国机器人协会(RIA)对机器人的定义是:"所谓工业机器人,是为了完成不同的作业,根据种种程序化的运动来实现材料、零部件、工具或特殊装置的移动并可重新编程的多功能操作机"。

日本工业机器人协会(JIRA)的定义是:"所谓工业机器人,是在三维空间具有类似人体上肢动作机能及其结构,并能完成复杂空间动作的多自由度的自动机械"。

国际标准化组织(ISO)于1987年对工业机器人给出了定义:"工业机器人是一种具有自动控制的操作和移动功能,能够完成各种作业的可编程操作机"。

我国有关标准将工业机器人定义为"一种能自动控制、可重复编程、多功能、多自由度的操作机,能搬运材料、工件或操持工具,用以完成各种作业"。

广义地说:工业机器人是一种在计算机控制下的可编程的自动机器。它具有四个基本特征:①特定的机械机构,其具有类似于人或其他生物的某些器官(肢体、感受等)的功能;②通用性,可从事多种工作,可灵活地改变程序;③不同程度的智能,如记忆、感知、推理、决策、学习等;④独立性,完整的机器人系统在工作中可不依赖于人的干预。实际上,工业机器人是面向工业领域的多关节机械手或多自由度的机器人。

1.2 工业机器人的发展

1.2.1 工业机器人的历史沿革

机器人技术作为20世纪人类最伟大的发明之一,自20世纪60年代初问世以来,从简单机器人到智能机器人,机器人技术的发展取得了长足进步。

　　世界上第一台工业机器人是"Unimate"（尤尼梅特，见图 1-1），意思是"万能自动"，是由美国人德沃尔和英格伯格于 1961 年生产出来的。英格伯格负责设计机器人的"手""脚""身体"，即机器人的机械部分和完成操作部分；由德沃尔设计机器人的"头脑""神经系统""肌肉系统"，即机器人的控制装置和驱动装置。Unimate 重达两吨，通过磁鼓上的一个程序来控制。它采用液压执行机构驱动，基座上有一个大机械臂，大臂可绕轴在基座上转动，大臂上又伸出一个小机械臂，它相对大臂可以伸出或缩回。小臂顶有一个腕子，可绕小臂转动，进行俯仰和侧摇。腕子前部是手，即操作器。这个机器人的功能和人手臂的功能相似。Unimate 的精确率达 1/10000 英寸。同年，这台工业机器人在美国通用汽车公司安装运行，用于生产汽车的门、车窗把柄、换挡旋钮、灯具固定架，以及汽车内部的其他硬件等。

　　1962 年，美国机械与铸造公司（American Machine and Foundry，AMF）制造出世界上第一台圆柱坐标型工业机器人，命名为 Verstran（沃尔萨特兰，见图 1-2），意思是"万能搬动"。AMF 制造的 6 台 Verstran 机器人应用于美国坎顿（Canton）的福特汽车生产厂。

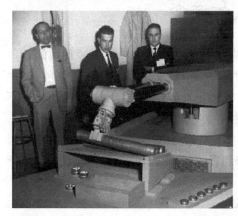
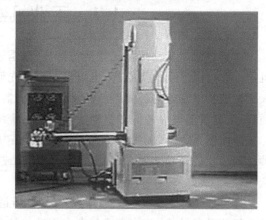

图 1-1　世界上第一台工业机器人 Unimate　　　图 1-2　世界上第一台圆柱坐标型工业机器人 Verstran

　　1969 年，通用汽车公司在其洛兹敦（Lordstown）装配厂安装了首台点焊机器人。90％以上的车身焊接作业可通过机器人来自动完成，只有 20％～40％的传统生产厂的焊接工作由人工完成。挪威 Trallfa 公司提供了第一个商业化应用的喷漆机器人。Unimation 公司的工业机器人进入日本市场。Unimation 公司与日本川崎重工（Kawasaki Heavy Industries）签订许可协议，生产 Unimate 机器人专供亚洲市场销售。川崎重工公司成功开发了 Kawasaki-Unimate 2000 机器人，这是日本生产的第一台工业机器人。

　　1973 年，第一台机电驱动的 6 轴机器人面世。德国库卡公司（KUKA）将其使用的 Unimate 机器人研发改造成其第一台工业机器人，命名为 Famulus，这是世界上第一台机电驱动的 6 轴机器人（见图 1-3）。日本日立公司（Hitachi）开发出为混凝土桩行业使用的自动螺栓连接机器人。这是第一台安装有动态视觉传感器的工业机器人。它在移动的同时能够识别浇铸模具上螺栓的位置，并且和浇铸模具的移动同步，完成螺栓拧紧和拧松工作。

　　1974 年，第一台弧焊机器人在日本投入运行。日本川崎重工公司将用于制造川崎摩托车框架的 Unimate 点焊机器人改造成弧焊机器人。同年，川崎还开发了世界上首款带精密插入控制功能的机器人，命名为"Hi-T-Hand"，该机器人还具备触摸和力学感应功能。这款机器人手腕灵活并带有力反馈控制系统，因此它可以插入一个约 10 μm 间隙的机械零件。瑞典通用电机公司（ASEA，ABB 公司的前身）开发出世界上第一台全电力驱动、由微处理器控制的工业机器人 IRB 6。IRB 6 主要应用于工件的取放和物料的搬运，首台 IRB 6 运行于瑞典南部的一家小型机械工程公司。

1975 年，Olivetti 公司开发出直角坐标机器人"西格玛（SIGMA）"，它是一个应用于组装领域的工业机器人（见图 1-4），在意大利的一家组装厂安装运行。

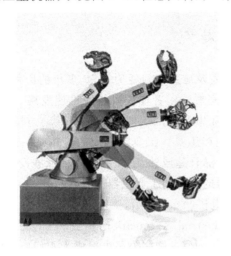

图 1-3　第一台机电驱动的 6 轴机器人 Famulus　　　图 1-4　直角坐标机器人 SIGMA

1985 年，德国库卡公司开发出一款新的 Z 形机器人手臂（见图 1-5），它的设计摒弃了传统的平行四边形造型。该 Z 形机器人手臂可实现 3 个平移运动和 3 个旋转运动共 6 个自由度的运动维度，可大大节省制造工厂的场地空间。

2004 年，日本安川机器人公司开发了改进的机器人控制系统（NX100），它能够同步控制四台机器人，可达 38 轴。NX100 机器人控制系统的示教编程由触摸屏显示并采用基于 WindowsCE 的操作系统。

2009 年，瑞典 ABB 公司推出了世界上最小的多用途工业机器人 IRB120（见图 1-6）。IRB 120 是 ABB 机器人部于 2009 年 9 月推出的最小机器人和速度最快的 6 轴机器人，是由 ABB（中国）机器人研发团队首次自主研发的一款新型机器人。IRB120 仅重 25 kg，荷重 3 kg（垂直腕为 4 kg），工作范围达 580 mm，IRB120 的问世使 ABB 新型第四代机器人产品系列得到进一步延伸，其卓越的经济性与可靠性，具有低投资、高产出的优势。

图 1-5　Z 形机器人手臂　　　　　　　　　　　图 1-6　IRB120

2010 年,日本发那科(FANUC)公司推出"学习控制机器人(Learning Control Robot)"R-2000iB。学习控制机器人 R-2000iB 无须任何复杂操作,操作人员只需启动机器人动作程序,机器人就能自动进行循环学习,也无须要求操作人员技能的高低,任何人都可以实现操作。

1.2.2　工业机器人的发展现状和趋势

迄今为止,世界上对于工业机器人的研究、开发及应用已经经历了 50 多年的历程。日本、美国、法国、德国的工业机器人产品已日趋成热和完善。随着现代科技的迅速发展,工业机器人技术已经广泛地应用于各个生产领域。在制造业中诞生的工业机器人是继动力机、计算机之后出现的,全面延伸人的体力和智力的新一代生产工具。工业机器人的应用是一个国家工业自动化水平的重要标志。在国外,工业机器人产品日趋成熟,已经成为一种标准设备而被工业界广泛地应用,从而相继形成了一批具有影响力的著名的工业机器人公司。比如,跨国集团公司 ABB Robotics,日本发那科(FANUC)、安川电机(Yaskawa),德国 KUKA Roboter,美国 Adept Technology、American Robot、Emerson Industrial Automation,意大利 COMAU,英国 AutoTech Robotics,加拿大 Jcd International Robotics 等,这些公司已经成为它们所在国家和地区的支柱性产业。

工业机器人的发展过程可以分为以下三个阶段:第一代机器人为目前工业中大量使用的示教再现机器人,通过示教存储信息,工作时读出这些信息,向执行机构发出指令,执行机构按指令再现示教的操作,广泛应用于焊接、上下料、喷漆和搬运等。第二代机器人是带感觉的机器人,机器人带有视觉、触觉等功能,可以完成检测、装配、环境探测等作业。第三代机器人即智能机器人,它不仅具备感觉功能,而且能根据人的命令,按所处环境自行决策,规划出行动。

在普及第一代工业机器人的基础上,第二代工业机器人已经推广,成为主流安装机型,第三代智能机器人已占有一定比重。从近几年推出的机器人产品来看,工业机器人技术正在向智能化、模块化和系统化的方向发展,其发展趋势主要为:结构的模块化和可重构化;控制技术的开放化、PC 化和网络化;伺服驱动技术的数字化和分散化;多传感器融合技术的实用化;工作环境设计的优化和作业的柔性化以及系统的网络化和智能化等方面。

1.3　工业机器人的组成

1.3.1　工业机器人的一般组成

第一代工业机器人主要由以下几部分组成:控制器、示教器和操作机(也称本体),如图1-7所示。第二代及第三代工业机器人还包括感知系统和分析决策系统,它们分别由传感器及软件实现。

机器人操作机是工业机器人的机械主体,包括用来完成各种作业的执行机构和驱动系统。执行机构包括臂部、腕部和手部,有的机器人还有行走机构;驱动系统包括驱动装置和传动机构,用以使执行机构产生相应的动作。

机器人的控制系统按照输入的程序对驱动系统和执行机构发出指令信号,并进行控制。

示教器亦称示教编程器或示教盒,主要由液晶屏幕和操作按键组成,可由操作者手持移

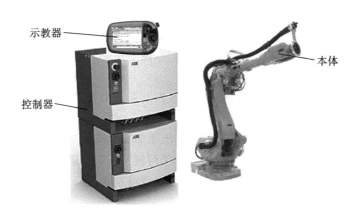

图 1-7　工业机器人的组成

动。它是机器人的人机交互接口,机器人的所有操作基本上都是通过它来完成的。示教器实质上就是一个专用的智能终端。

1.3.2　机器人本体

机器人本体是工业机器人的机械主体,是用来完成各种作业的执行机构和驱动系统。它主要由机械臂、驱动装置、传动单元及内部传感器等部分组成,如图 1-8 所示。

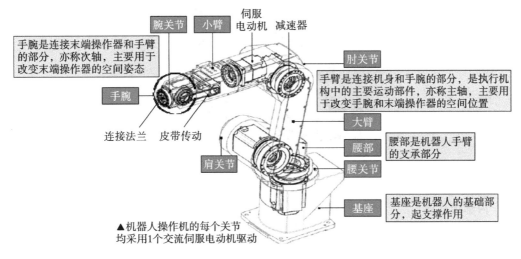

图 1-8　关节型工业机器人操作机的基本结构

1. 机械臂

关节型工业机器人的机械臂是由关节连在一起的许多机械连杆的集合体。实质上是一个拟人手臂的空间开链式机构,一端固定在基座上,另一端可自由运动,由关节-连杆结构所构成的机械臂大体可分为基座、腰部、臂部(大臂和小臂)和手腕 4 部分(见图 1-8)。

①基座,是整个机器人的支撑部分,有固定式和移动式两种。

②腰部,是连接臂部和基座的部件,通常可以回转。臂部和腰部的共同作用使得机器人的手腕可以做空间运动。

③臂部,用以连接腰部和手腕,是支承手腕和末端执行器的部件,由动力关节和连杆组成,承受负荷,改变工件或工具空间位置,将它们送至预定的位置。

④手腕,腕部是连接末端执行器和臂部的部分,用于调整末端执行器的姿态和方位。

2. 驱动装置

驱使工业机器人机械臂运动的机构。它按照控制系统发出的指令信号,借助于动力元件使机器人产生动作,相当于人的肌肉、筋络。

机器人常用的驱动方式主要有液压驱动、气压驱动和电气驱动三种基本类型。目前,除个别运动精度不高、重负载或有防爆要求的机器人采用液压、气压驱动外,工业机器人大多采用电气驱动,而其中属交流伺服电动机应用最广,且驱动器布置大都采用一个关节一个驱动器。

3. 传动单元

目前工业机器人广泛采用的机械传动单元是减速器,应用在关节型机器人上的减速器主要有两类:RV减速器和谐波减速器(见图1-9)。一般将RV减速器放置在基座、腰部、大臂等重负载的位置(主要用于20 kg以上的机器人关节);将谐波减速器放置在小臂、腕部或手部等轻负载的位置(主要用于20 kg以下的机器人关节)。此外,机器人还采用齿轮传动、链条(带)传动、直线运动单元等。

图 1-9　工业机器人关节传动单元

4. 内部传感器

机器人内部传感器的功能是测量运动学和力学参数,使机器人能够按照规定的位置、轨迹和速度等参数进行工作,感知自己的状态并加以调整和控制。内部传感器通常由位置传感器、角度传感器、速度传感器、加速度传感器等组成。

1.3.3　控制器

控制器是机器人的"大脑",它是根据指令以及传感信息控制机器人完成一定动作或作业任务的装置,是决定机器人功能和性能的主要因素,也是机器人系统中更新和发展最快的部分,其基本功能有:示教功能、记忆功能、位置伺服功能、坐标设定功能、与外围设备联系的功能、传感器接口、故障诊断安全保护功能等。

控制器分控制模块和驱动模块,如系统中含多台机器人,需要 1 个控制模块及对应数量的驱动模块。一个系统最多包含 36 个驱动单元(最多 4 台机器人),一个驱动模块最多包含 9 个驱动单元,可处理 6 个内轴及 2 个普通轴或附加轴(取决于机器人型号)。图 1-10 是 ABB 机器人的 IRC5 控制器内部结构图,这是双柜型控制器,控制模块和驱动模块分别放在两个控制柜里,而单柜型控制器中的控制模块和驱动模块放置在一个控制柜内。

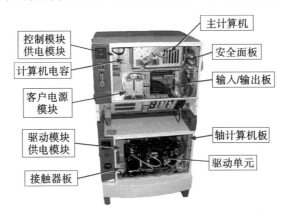

图 1-10　IRC5 控制器内部结构图

其中,主计算机接收、处理机器人运动数据和外围信号,并将处理的信号发送到其他各单元;控制柜操作面板上的急停开关、TPU 上的急停按钮和外部的一些安全信号由安全面板处理;供电模块给电源分配器提供 24V DC,再由电源分配器给主计算机、安全面板、轴计算机板等分配 24V DC;机器人本体的零位和机器人当前位置的数据都由轴计算机处理,处理后的数据传送给主计算机,但轴计算机不保存数据;接触器板给接触器提供电源及相关逻辑信号;驱动装置接收到主计算机传送的驱动信号后,驱动机器人本体。

1.3.4　示教器

示教器是进行机器人的手动操作、程序编写、参数配置和监控用的手持装置,也是最常打交道的机器人空盒子装置。在示教器上,大多数的操作是在触摸屏上完成的,同时也保留了必要的按钮和操作装置。ABB 机器人的示教器将在 2.3 节详细介绍。

1.3.5　末端执行器

为了适应不同的用途,机器人操作机最后一个轴的机械接口通常为一连接法兰,可接装不同的机械操作装置,这些装置称为末端执行器(见图 1-11),用以直接执行不同的工作任务。根据作业任务的不同,它可以是夹持器或专用工具等。夹持器是具有夹持功能的装置,如吸盘、机械手爪、托持器等;专用工具是完成某项作业所需要的装置,如用于完成焊接作业的气焊枪、点焊钳等。

注:末端执行器不是工业机器人的组成部分,但在机器人任务执行中至关重要。

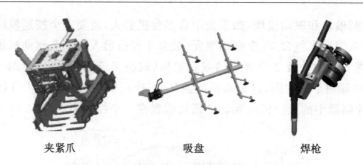

夹紧爪　　　　　　　　吸盘　　　　　　　　焊枪

图 1-11　工业机器人操作机末端执行器

1.4　工业机器人的分类

工业机器人的种类繁多,分类方法也不统一,可按运动形态、驱动方式、输入信息方式、应用领域等进行分类。

1. 按臂部的运动形式分

按臂部的运动形式工业机器人分为六类。

①直角坐标型,具有空间上相互垂直的多个直线移动轴,通过直角坐标方向的 3 个独立自由度确定其手部的空间位置,其动作空间为一长方体(见图 1-12)。其优点是结构简单、定位精度高、空间轨迹易于求解,缺点是动作范围小,机体体积大。

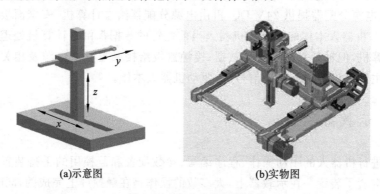

(a)示意图　　　　　　　　　　　　(b)实物图

图 1-12　直角坐标机器人

②圆柱坐标型,主要由旋转基座、垂直移动和水平移动轴构成,具有一个回转和两个平移自由度,其动作空间呈圆柱形(见图 1-13)。其优点是结构简单,缺点是在机器人的动作范围内必须有沿轴线前后方向的移动空间,空间利用率低。

③球坐标型,球坐标型机器人由回转、旋转、平移的自由度组合构成(见图 1-14)。动作空间形成球面的一部分,其特点是结构紧凑,所占空间体积小于直角坐标和圆柱坐标机器人。球坐标机器人和极坐标机器人由于具有中心回转自由度,所以它们都有较大的动作范围,其坐标计算也比较简单。

④多关节型,由多个旋转和摆动机构组合而成(见图 1-15)。多关节机器人模拟人的手臂功能,由垂直于地面的腰部旋转轴、带动小臂旋转的肘部旋转轴以及小臂前端的手腕等组成,手腕通常有 2～3 个自由度,其动作空间近似一个球体。其优点是可以自由地实现三维空间的各种姿势,生成复杂形状的轨迹,缺点是动作的绝对位置精度较低。

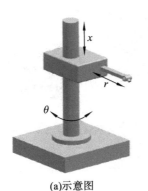
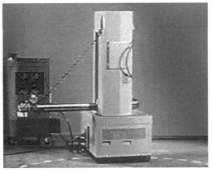

(a)示意图　　　　　　　　　　(b)实物图

图 1-13　圆柱坐标机器人

(a)示意图　　　　　　　　　　(b)实物图

图 1-14　球坐标机器人

(a)示意图　　　　　　　　　　(b)实物图

图 1-15　多关节机器人

　　⑤SCARA,SCARA 是 selective compliance assembly robot arm 的缩写,意思是一种应用于装配作业的机器人手臂(见图 1-16)。它有 3 个旋转关节,其轴线相互平行,在平面内进行定位和定向;另一个关节是移动关节,用于完成末端件垂直于平面的运动。这类机器人的结构轻便、响应快,例如 Adept1 型 SCARA 机器人运动速度可达 10 m/s,比一般关节式机器人快数倍。它最适用于平面定位,在垂直方向进行装配的作业。

　　⑥Delta,Delta 机器人也称为并联机器人(parallel mechanism,PM),它的动平台和定平台通过至少两个独立的运动链相连接,其机构具有两个或两个以上自由度,它是以并联方式驱动

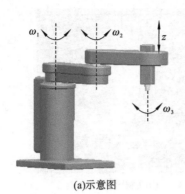

(a)示意图

(b)实物图

图 1-16　SCARA 机器人

的一种闭环机构(见图 1-17)。并联机器人的特点呈现为无累积误差,精度较高;驱动装置可置于定平台上或接近定平台的位置,这样运动部分重量轻,速度高,动态响应好。

图 1-17　Delta 机器人

2. 按执行机构运动的控制机能分

工业机器人按执行机构运动的控制机能,可分点位型和连续轨迹型。点位型控制执行机构由一点到另一点的准确定位,适用于机床上下料、点焊和一般搬运、装卸等作业;连续轨迹型可控制执行机构按给定轨迹运动,适用于连续焊接和涂装等作业。

3. 按程序输入方式分

工业机器人按程序输入方式区分为编程输入型和示教输入型两类。编程输入型是将计算机上已编好的作业程序文件,通过 RS232 串口或者以太网等通信方式传送到机器人控制柜。示教输入有两种方式:一种是操作员手把手示教,比如操作员握住机器人上的喷枪沿喷漆路线走一遍(见图 1-18);另一种是通过示教器示教,操作者利用示教器上的开关和按钮控制机器人一步一步地运动(见图 1-19)。示教过程中,机器人自动记录动作顺序和动作轨迹至程序存储器。自动运行时,控制系统从程序存储器中检出相应信息,将指令信号传给驱动机构,使执行机构再现示教的各种动作。示教输入程序的工业机器人又称为示教再现型工业机器人。

4. 按驱动方式分

工业机器人按驱动方式分有液压式、气动式、电动式三种。液压式的输出力大、体积小(与气动式相比)、动作平稳,但漏油问题不易解决,需要高压油源,功耗大,油路管道多,安装维修不方便;气动式比液压式干净,但输出力比液压式小,常用于简易机器人,作为机器人的手爪夹

图 1-18　手把手示教　　　　　　　　图 1-19　示教器示教

紧机构;电动式传动机构体积小、反应灵敏,有利于提高机器人的速度,采用这种驱动方式的机器人日渐增多。表 1-1 所示为三种驱动方式特点的比较。

表 1-1　三种驱动方式特点比较

驱动方式	输出力	控制性能	维修使用	结构体积	使用范围	制造成本
液压驱动	压力高,可获得大的输出力	油液不可压缩,压力、流量均容易控制,可无级调速,反应灵敏,可实现连续轨迹控制	维修方便,液体对温度变化敏感,油液泄漏易着火	在输出力相同的情况下,体积比气压驱动方式小	中、大型及重型机器人	液压元件成本较高,油路比较复杂
气压驱动	气体压力低,输出力较小,如需输出力大时,其机构尺寸过大	可高速,冲击较严重,精确定位困难。气体压缩性大,阻尼效果差,低速不易控制,不易与 CPU 连接	维修简单,能在高温、粉尘等恶劣环境中使用,泄漏无影响	体积较大	中、小型机器人	结构简单,能源方便,成本低
电气驱动	输出力较小或较大	容易与 CPU 连接,控制性能好,响应快,可精确定位,但控制系统复杂	维修使用较复杂	需要减速装置,体积较小	高性能,运动轨迹要求严格	成本较高

5. 按应用分

依据具体应用领域的不同,工业机器人可分成物流、码垛、服务等搬运机器人和焊接、喷漆、研磨抛光、激光等加工型机器人(见图 1-20 至图 1-23)。

搬运机器人是可以进行自动化搬运作业的工业机器人。搬运作业是指用一种设备握持工件,将工件从一个加工位置移到另一个加工位置。搬运机器人可安装不同的末端执行器以完成各种不同形状和状态的工件搬运工作,大大减轻了人类繁重的体力劳动。目前世界上使用的搬运机器人被广泛应用于机床上下料、冲压机自动化生产线、自动装配流水线、码垛搬运、集装箱等的自动搬运。部分发达国家已制定出人工搬运的最大限度,超过限度的必须由搬运机器人来完成。

码垛机器人是从事码垛的工业机器人,即将已装入容器的物体,按一定排列码放在托盘、栈板(木质、塑胶)上,可堆码多层,然后推出,便于叉车运至仓库储存。码垛机器人可以集成在任何生产线中,为生产现场提供智能化、机器人化、网络化服务。

焊接机器人是从事焊接(包括切割与喷涂)的工业机器人。在工业机器人的末轴法兰装接焊钳或焊(割)枪,使之能进行焊接、切割或热喷涂。焊接机器人目前已广泛应用在汽车制造业,汽车底盘、座椅骨架、导轨、消声器以及液力变矩器等焊接上,尤其在汽车底盘焊接生产中得到了广泛的应用。

喷涂机器人又叫喷漆机器人,是可进行自动喷漆或喷涂其他涂料的工业机器人,1969 年由挪威 Trallfa 公司(后并入 ABB 集团)发明。喷漆机器人多采用 5 或 6 个自由度关节式结构,手臂有较大的运动空间,可做复杂的轨迹运动,其腕部一般有 2~3 个自由度,可灵活运动。较先进的喷漆机器人腕部采用柔性手腕,既可向各个方向弯曲,又可转动,其动作类似人的手腕,能方便地通过较小的孔伸入工件内部,喷涂其内表面。喷漆机器人一般采用液压驱动,具有动作速度快、防爆性能好等特点,可通过手把手示教来实现示教。喷漆机器人广泛用于汽车、仪表、电器、搪瓷等工艺生产部门。

图 1-20　机器人搬运

图 1-21　机器人码垛

图 1-22　机器人焊接

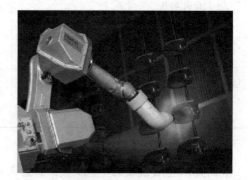

图 1-23　机器人涂装

1.5　工业机器人的主要参数

机器人的技术指标反映机器人的适用范围和工作性能,是选择、使用机器人必须考虑的问题。尽管各机器人厂商提供的技术指标不完全一样,机器人的结构、用途以及用户的要求也不尽相同,但其主要技术指标一般均为:自由度、有效负载、工作精度、最大工作速度和工作空间等。

1. 自由度

自由度(degree of freedom)是衡量机器人动作灵活性的重要指标。所谓自由度,就是相对某坐标系机器人能够进行独立运动的数目。由于工业机器人往往是个开式连杆系,每个关节都有一个自由度,因此通常机器人的自由度数目就等于其关节数。机器人的自由度数目越多,功能就越强。当机器人的关节数(自由度)增加到对末端执行器的定向和定位不再起作用时,便出现了冗余自由度。冗余度的出现增加了机器人工作的灵活性,但也使控制变得更加复杂。目前,焊接和涂装作业机器人多为 6 或 7 个自由度,而搬运、码垛和装配机器人多为 4~6 个自由度。图 1-24 所示为 7 轴机器人。

需要注意的是:末端执行器的动作不包括在机器人的自由度内。

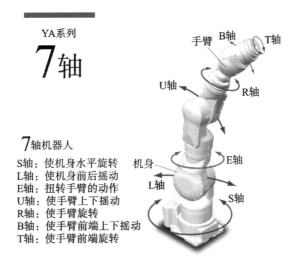

YA系列
7轴

手臂　B轴　T轴
U轴　　　R轴

7轴机器人
S轴:使机身水平旋转
L轴:使机身前后摇动
E轴:扭转手臂的动作
U轴:使手臂上下摇动
R轴:使手臂旋转
B轴:使手臂前端上下摇动
T轴:使手臂前端旋转

机身　E轴
L轴　　　S轴

图 1-24　7 轴机器人

2. 有效负载

有效负载也称持重,是指机器人操作机在工作时臂端可能搬运的物体质量(包括末端执行器的质量和待搬运物体的质量)或所能承受的力或力矩,用以表示操作机的负荷能力。正常操作条件下,有效负载是指作用于机器人手腕末端,不会使机器人性能降低的最大载荷。目前,使用的工业机器人负载范围为 0.5 kg 直至 800 kg。机器人在不同位姿时,允许的最大可搬运质量是不同的,因此机器人的额定可搬运质量是指其臂杆在工作空间中任意位姿时腕关节端部都能搬运的最大质量。

3. 工作精度

机器人的工作精度主要指定位精度和重复定位精度。定位精度(也称绝对精度)是指机器人末端执行器实际到达位置与目标位置之间的差异。重复定位精度(简称重复精度)是指机器人重复定位其末端执行器于同一目标位置的能力。一般,重复定位精度更重要,因为定位精度误差可以在编程阶段轻易得到补偿。图 1-25 所示的是机器人工作精度的几种情况,一般认为情况(d)最好,其次是情况(b)。

工业机器人的重复精度可达±0.01~±0.5 mm。依据作业任务和末端持重的不同,机器人重复精度要求亦不同,表 1-2 列出了常见作业任务对重复定位精度的要求。

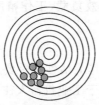
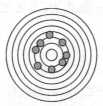
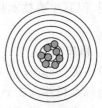

(a)低定位精度，　　　(b)低定位精度，　　　(c)高定位精度，　　　(d)高定位精度，
　低重复定位精度　　　　高重复定位精度　　　　低重复定位精度　　　　高重复定位精度

图 1-25　定位精度和重复定位精度

表 1-2　工业机器人典型行业应用的工作精度

作 业 任 务	额定负载/kg	重复定位精度/mm
搬运	5～200	±0.2～±0.5
码垛	50～800	0.5
点焊	50～350	±0.2～±0.3
弧焊	3～20	±0.08～±0.1
喷涂	5～20	±0.2～±0.5
装配	2～5	±0.02～±0.03
	6～10	±0.06～±0.08
	10～20	±0.06～±0.1

4. 最大工作速度

在各轴联动的情况下，机器人手腕中心所能达到的最大线速度。这在生产中是影响生产效率的重要指标。

5. 工作空间

工作空间也称工作范围、工作行程，是工业机器人执行任务时，其手腕参考点所能掠过的空间，常用图形表示。由于工作范围的形状和大小反映了机器人工作能力的大小，因而它对机器人的应用十分重要。工作范围不仅与机器人各连杆的尺寸有关，还与机器人的总体结构有关。为能真实反映机器人的特征参数，厂家所给出的工作范围指不安装末端执行器时达到的区域，应特别注意的是，在装上末端执行器后，需要同时保证供给姿态，实际的可达空间会比厂家给出的要小一些，需要认真地用比例作图法或模型法核算一下，以判断是否满足实际需要。目前，单体工业机器人本体的工作范围可达 3.5 m 左右。图 1-26 所示为 ABB 机器人 IRB1410 的工作范围。

工作空间的形状和大小反映了机器人工作能力的大小。理解机器人的工作空间时，要注意以下几点。

（1）通常工业机器人说明书中表示的工作空间指的是手腕上机械接口坐标系的原点在空间能达到的范围，即手腕端部法兰的中心点在空间所能到达的范围，而不是末端执行器端点所能达到的范围。因此，在设计和选用时，要注意安装末端执行器后，机器人实际所能达到的工作空间。

（2）机器人说明书上提供的工作空间往往要小于运动学意义上的最大空间。这是因为在可达空间中，手臂位姿不同时有效负载、允许达到的最大速度和最大加速度都不一样，在臂杆

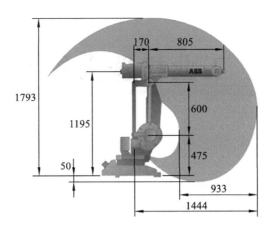

图 1-26　ABB 机器人 IRB1410 的工作范围

最大位置允许的极限值通常要比其他位置的小一些。

（3）实际应用中的工业机器人还可能由于受到机械结构的限制,在工作空间的内部也存在着臂端不能达到的区域,这就是常说的空洞或空腔。空腔是指在工作空间内臂端不能达到的完全封闭空间,而空洞是指在沿转轴周围全长上臂端都不能达到的空间。

除上述五项指标外,还应注意机器人的控制方式、驱动方式、安装方式、存储容量、插补功能、语言转换、自诊断及自保护、安全保障功能等。

习　　题

1. 按工业机器人技术的发展,机器人分为哪三代？简述这三代机器人的主要特性。
2. 简述工业机器人的组成。
3. 查找三个工业机器人的型号及其主要参数,说明其适用范围。
4. 搜集学习一项工业机器人在某一领域的应用实例,加以说明。
5. 绘制出直角坐标型、圆柱坐标型、球坐标型、SCARA 型机器人的工作空间。

第2章　工业机器人的手动操作

学习目标：
(1) 掌握机器人运动轴和坐标系；
(2) 熟悉示教器的按键及使用功能；
(3) 掌握手动移动机器人的流程和方法。

2.1　工业机器人的安全机制

机器人系统复杂而且危险性大，在练习期间，对机器人进行任何操作都必须注意安全。无论何时进入机器人工作范围都可能导致严重的伤害，只有经过培训认证的人员才可以进入该区域。

为保障操作机器人时的安全，应牢记如下机器人安全机制。

2.1.1　"急停"按钮的使用

在机器人的控制器和示教器上都有"急停"按钮（见图 2-1），机器人在发生意外或运行不正常等情况下，均可使用"急停"按钮，停止机器人的运行。急停后，需按下电动机开启按钮，机器人方可恢复正常操作。"急停"按钮不允许被短接。

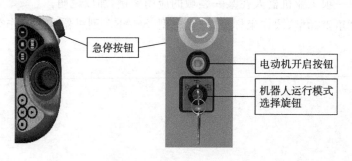

图 2-1　"急停"按钮的使用

2.1.2　机器人运行模式

机器人的运行模式有自动模式和手动模式两种，可通过控制器上的运行模式选择旋钮进行选择。而手动模式可设置为"手动限速"和"手动全速"两种方式：手动限速方式下，机器人速度默认为 250 mm/s；手动全速方式下，机器人以 100% 的设置速度运行。只有当所有人员都位于安全保护空间以外时，且操作人员是经过特殊训练、熟知潜在危险的情况下，才可以使用手动全速模式(见图 2-2)。

注意:维修人员必须保管好机器人钥匙,严禁非授权人员在手动模式下进入机器人软件系统,随意翻阅或修改程序及参数。

一般用手动减速模式创建程序、调试程序,再用手动全速模式测试程序,生产过程用自动模式。机器人处于自动模式时,任何人员都不允许进入其运动所及的区域,因为机器人在自动状态

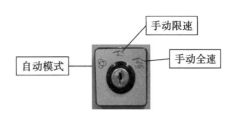

图 2-2　运行模式旋钮

下,即使运行速度非常低,其动量仍很大,所以在进行编程、测试及维修等工作时,必须将机器人置于手动模式。调试人员进入机器人工作区域时,必须随身携带示教器,以防他人误操作。万一发生火灾,请使用二氧化碳灭火器。

2.1.3　使能器的三个位置

在手动模式下,必须通过示教器上的使能器才能使电动机上电。使能器有三个位置,分别是 OFF、ON 和 OFF(见图 2-3)。当使能器处于自然状态时处于 OFF 状态。手动操作机器人时,轻握使能器,听到“咔”一声时,使能器处于 ON 状态,伺服电源接通。这时不能太用力握使能器,如果用力握使能器,会再次听到一声“咔”,这时,使能器处于 OFF 状态,伺服电源关

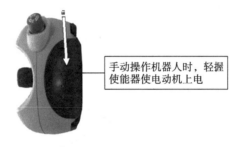

手动操作机器人时,轻握使能器使电动机上电

图 2-3　使能器

闭。在危险的情况下,紧握使能器,机器人的动作就会停止。在手动模式下调试机器人,如果不需要移动机器人时,必须及时释放使能器。

2.2　机器人坐标系和动作模式

2.2.1　机器人运动轴

目前商用工业机器人大多采用 6 轴关节型,即机器人本体有 6 个可活动的关节(轴),ABB机器人对 6 个轴的定义如图 2-4 所示。其中,轴 1、轴 2、轴 3 称为基本轴或主轴,用于保证末端执行器达到工作空间的任意位置;轴 4、轴 5、轴 6 称为腕部轴或次轴,用于实现末端执行器的任意空间姿态。

2.2.2　机器人坐标系

工业机器人的运动实质是根据不同作业内容、轨迹的要求,在各种坐标系下运动。即对机器人进行示教或手动操作时,其运动方式是在不同的坐标系下进行的。ABB 机器人运动可选择的坐标系有四种:基坐标系(base coordinate system)、大地坐标系(world coordinate system)、工

图 2-4　ABB 机器人运动轴的定义

具坐标系(tool coordinate system)和工件坐标系(work object coordinate system)。各坐标系的原点及坐标轴的定义如图 2-5 所示。

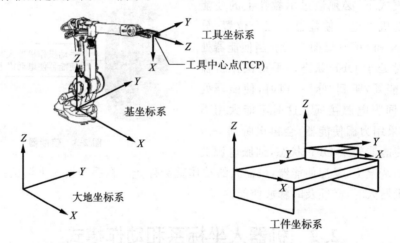

图 2-5　机器人坐标系

基坐标系位于机器人基座,在机器人基座中心有相应的零点,这使固定安装的机器人的移动具有可预测性。因此它对于将机器人从一个位置移动到另一个位置很有帮助。

大地坐标系在工作单元或工作站中的固定位置有其相应的零点。这有助于处理若干个机器人或由外轴移动的机器人。在默认情况下,大地坐标系与基坐标系是一致的。

工具坐标系将工具中心点设为零位。再按右手定则定义工具的位置和方向。工具坐标系经常被缩写为 TCPF(tool center point frame),而工具坐标系中心缩写为 TCP(tool center point)。执行程序时,机器人就是将 TCP 移至编程位置。这意味着,如果更改工具(以及工具坐标系),机器人的移动将随之更改,以便新的 TCP 到达目标。所有机器人在手腕处都有一个预定义工具坐标系,该坐标系被称为 tool0。而不同机器人应用会配置不同的工具,如弧焊机器人使用焊枪为工具,搬运机器使用吸盘式夹具作为工具,如图 2-6 所示。这样不同应用的机器人会有不同的 TCP。而实际应用中可以将一个或多个新工具坐标系定义为 tool0 的偏移值。微动控制机器人时,如果不想在移动时改变工具方向(例如移动锯条时不使其弯曲),工具坐标系就显得非常有用。

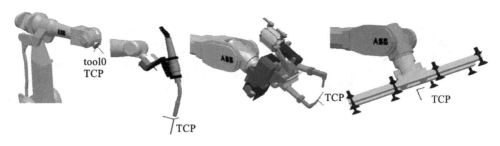

图 2-6　几种常见工具的 TCP

工件坐标系（wobj）对应工件，它定义工件相对于大地坐标系（或其他坐标系）的位置。机器人可以拥有若干工件坐标系，或者表示不同工件，或者表示同一工件在不同位置的若干副本。对机器人进行编程就是在工件坐标系中创建目标和路径。这带来很多优点，如重新定位工作站中的工件时，只需更改工件坐标系的位置，所有路径将即刻随之更新；或者外部夹具被更换后，重新定义 wobj，可以不更改程序，直接运行。

2.2.3　机器人的动作模式

1. 单轴运动

以 6 轴机器人为例，机器人的 6 个轴各自单独转动称为单轴运动。通过示教器的手动操纵，可以选择机器人的动作模式，以及对哪个轴进行操纵，具体内容如表 2-1。

表 2-1　机器人的单轴运动

动作模式	控制杆方向	说　　明
轴1-3	轴 1-3（机器人默认值）—控制杆方向—　2　1　3	对机器人的"轴 1-3"进行操纵，左右移动控制杆，移动 1 轴；上下移动控制杆，移动 2 轴；顺逆时针旋转控制杆，移动 3 轴
轴4-6	轴 4-6—控制杆方向—　5　4　6	对机器人的"轴 4-6"进行操纵，左右移动控制杆，移动 4 轴；上下移动控制杆，移动 5 轴；顺逆时针旋转控制杆，移动 6 轴

在如下情况时，选择单轴运动：①将机械手移出危险位置；②将机器人移出奇点；③定位机器人轴，以便进行校准。

注：机器人在奇点位置（见图 2-7）附近运行时，TCP 速度明显变慢，可能出现单轴的旋转角度过大，因此在操纵及编程过程中应避开奇点位置：①避免 4 轴与 6 轴成一条直线；②避免 5 轴在 1 轴的正上方，一般倒挂机器人易出现这种状况。

2. 重定位运动

机器人的重定位运动（reorient）　，是指机器人第 6 轴法兰盘上的工具 TCP 点在空间中绕着工具坐标系旋转的运动，也可理解为机器人绕着工具 TCP 点做姿态调整的运动（见图 2-8）。

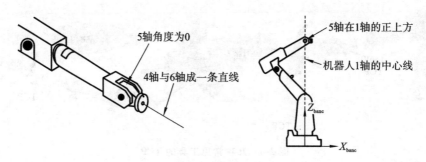

图 2-7　奇点位置

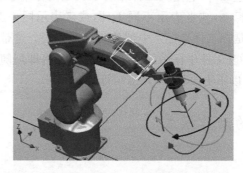

图 2-8　重定位运动

注：重定位运动时，必须先选择工具坐标。

3. 线性运动

机器人工具姿态不变，TCP 沿坐标轴方向的运动称为线性运动（linear）　。线性运动（见图 2-9）的方向可以有多种选择，既可以是沿着大地坐标的坐标轴方向，也可以是沿着基坐标的坐标轴方向，还可以是任一工具坐标或任一工件坐标的坐标轴方向。

（1）线性运动-基坐标。

当需要将可预测的运动轻而易举地转化为控制杆运动时，可以在基坐标系中进行微动控制。在许多情况下，基坐标系是使用最为方便的一种坐标系，因为它对工具、工件或其他机械单元没有依赖性。

（2）线性运动-大地坐标。

假如有两个机器人，一个安装于地面，一个倒置。倒置机器人的基坐标系也将上下颠倒。如果在倒置机器人的基坐标系中进行微动控制，则很难预测移动情况，此时可选择共享大地坐标系。

（3）线性运动-工件坐标。

如果打算确定一系列孔的位置，以便沿着工件边缘钻孔或在工件箱的两面隔板之间焊接时，可使用工件坐标系。

（4）线性运动-工具坐标。

使用工具体系对穿、钻、铣、锯等进行编程和调整时，采用工具坐标系。

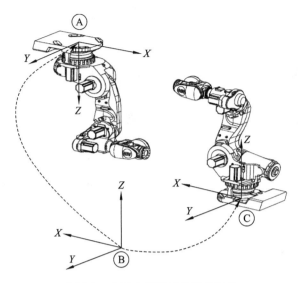

图 2-9　大地坐标系下的线性运动

2.3　示　教　器

2.3.1　示教器的外观及界面

ABB 机器人的示教器外形如图 2-10 所示。

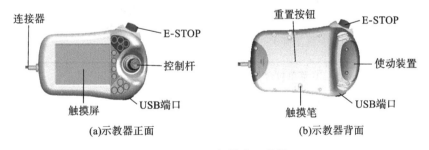

(a)示教器正面　　　　　　　　　(b)示教器背面

图 2-10　ABB 机器人示教器

（1）控制杆：使用控制杆可以移动机器人本体。它称为微动控制机器人。

（2）USB 端口：将 USB 存储器连接到 USB 端口可以读取或保存文件。

注意：在不使用时盖上 USB 端口的保护盖。

（3）触摸笔：其随示教器提供，放在示教器的后面。拉小手柄可以松开笔。使用示教器时用触摸笔在屏幕上书写，不要使用螺丝刀或者其他尖锐的物品。

（4）重置按钮：其会重置示教器，而不是控制器上的系统。

（5）示教器上的专用按键。通过示教器上的按键（见图 2-11）可以对机器人进行快捷操作，其功能如下。

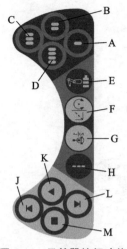

图 2-11 示教器按钮功能

A～D——预设按键，1～4。用户可以自定义这四个按键的功能。

E——选择机械单元。

F——切换运动模式，重定位或线性。

G——切换运动模式，"轴 1－3"或"轴 4－6"。

H——切换增量。

J——Step BACKWARD(步退)按钮。按下此按钮，可使程序后退至上一条指令。

K——START(启动)按钮。开始执行程序。

L——Step FORWARD(步进)按钮。按下此按钮，可使程序前进至下一条指令。

M——STOP(停止)按钮。停止程序执行。

开机后，示教器界面如图 2-12 所示。

A	ABB 菜单	ABB 菜单包含程序、配置和应用程序
B	状态栏	状态栏显示与系统和消息有关的信息
C	ClientView	显示所有可用功能的主要区域，也是显示和使用应用程序的区域
D	关闭按钮	点击关闭按钮将关闭当前打开的视图和应用程序
E	任务栏	任务栏显示所有打开的视图和应用程序
F	"快速设置"菜单	包含微动控制和设置的快捷方式

图 2-12 示教器界面

其中，状态栏显示的信息包括当前机器人操作模式、活动系统名称、控制器的状态、当前运行程序的状态等，如图 2-13 所示。

已启动的应用程序会在任务栏显示一个快捷按钮，点击快捷按钮可在程序和视图之间进行切换(见图 2-14)。

图 2-13　机器人状态栏信息

部件	名称
A	状态栏
B	操作模式
C	活动系统
D	控制器状态
E	程序状态

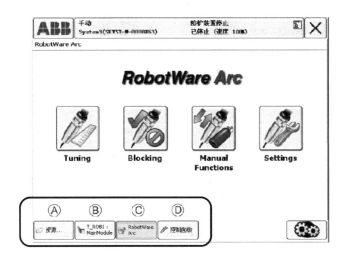

图 2-14　示教器任务栏

2.3.2　示教器的操作方式

操作示教器时,通常会手持该设备。右利手者用左手持设备,右手在触摸屏上执行操作。左利手者可以轻松通过将显示器旋转 180°,使用右手持设备。示教器的操作方式如图 2-15 所示。

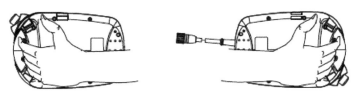

图 2-15　示教器的操作方式

2.4　手动操纵机器人

机器人的手动操作是指用示教器上的控制杆操作机器人单轴运动或多轴联动。

2.4.1　ABB 机器人的开关机操作

（1）开机：在确认输入电压正常后，将控制柜上的开关旋钮转动至"开"（见图 2-16）。如果要进行手动操作，则再将运行模式旋钮转至"手动限速"。

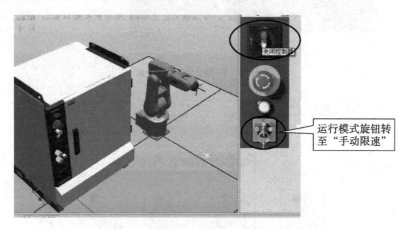

图 2-16　ABB 机器人的开机操作

（2）关机：在示教器的菜单中选择"重新启动"→"高级"→"关机"，然后再关闭电源开关。

①在"ABB 菜单"中点击"重新启动"	
②在系统启动界面点击"高级..."	

③在弹出界面选择"关闭主计算机"	
④将控制柜上的开关旋钮转动至"关"	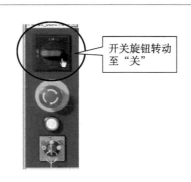

注意:关机后再次开启电源需要等待 2 分钟以上。

2.4.2　手动操纵机器人——单轴运动和控制杆操作

　　手动操纵机器人是通过手动操作示教器上的控制杆将机器人移动到一定位置的一种方法。不管示教器显示什么窗口,都可以手动操纵机器人。但在程序执行时,不能手动操纵机器人。具体操作步骤如下。

①将机器人运行模式旋钮置于"手动限速"模式	
②在示教器界面,点击"ABB 菜单",选择"手动操纵",打开手动操纵窗口	

续表

③选择机械单元:在手动操纵窗口,点击"机械单元"。在弹出窗口中选择需要进行控制的机械单元,然后点击"确定"。 注:机器人系统可能不仅是由机器人本体单独构成的,可能还包括其他的机械单元,如安装在机器人系统中的外轴,它们也需要操作。每个机械单元都有一个标志或名字,这个名字在系统设定时进行定义。如果只有一个机器人构成系统,我们就不需要选择机械单元	
④选择动作模式:在手动操纵窗口,点击"动作模式"。在弹出窗口中选择"轴1—3",然后点击"确定"	
⑤选择坐标系:在手动操纵窗口,点击"坐标系",在弹出窗口中选择"基坐标",然后点击"确定"	
⑥如果是左手握持示教器,则用左手手指轻按示教器上的使能器(反之,用右手手指轻按使能器),在示教器的状态栏中,确认进入"电机开启"状态	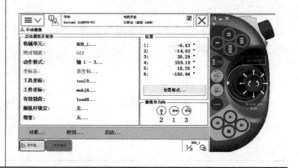

| ⑦上下移动、左右移动或旋转控制杆,观察机器人1—3轴的运动;再选择动作模式为"轴 4—6",上下、左右、旋转控制杆,观察机器人 4—6 轴的运动 | |

注:示教器控制杆操作技巧为控制杆的操纵幅度与机器人的运动速度相关,控制杆操纵幅度较小则机器人运动较慢,控制杆操纵幅度较大则机器人运动速度较快,在开始手动操纵学习时,尽量小幅操纵控制杆使机器人缓慢运动。

2.4.3　手动操纵机器人——线性运动和增量控制

机器人的线性运动是指安装在机器人第 6 轴法兰上的工具在空间中的线性运动。具体操作步骤如下。

①在手动限速模式下,在手动操纵界面,选择动作模式为"线性...",其他选择同 2.4.2 节	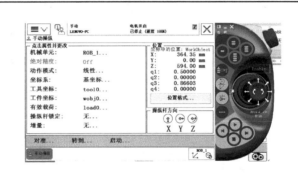
②如果是左手握持示教器,则用左手手指轻按示教器上的使能器(反之,用右手手指轻按使能器),在示教器的状态栏中,确认进入"电机开启"状态	
③上下移动、左右移动、旋转操纵杆,可以看到改变的是机器人的"X、Y、Z"坐标	
④如果对使用操纵控制杆幅度的方式控制机器人的运动速度不熟练的话,可以使用增量模式控制机器人的运动。增量模式下,控制杆每位移一次,机器人就移动一步,如果持续操作控制杆一秒或数秒,则机器人就以每秒 10 步的速度持续移动。 　在手动操纵界面,点击增量模式"无...",在弹出界面可选择"小""中""大""无"	

增量大小对应的移动距离和角度如表 2-2 所示。

表 2-2　机器人步进移动增量数值

增　　量	移动距离	角　　度
小(small)	0.05 mm	0.005°
中(middle)	1 mm	0.02°
大(large)	5 mm	0.2°
用户自定义(user)	0.50～10.0 mm	0.01°～0.20°

2.4.4　转数计数器更新操作

转数计数器用来统计电动机轴在齿轮箱中的转数,若此值丢失,机器人不能运行任何程序。

ABB 机器人 6 个关节轴都有一个机械原点位置,各种型号机器人的机械原点刻度位置有所不同,图 2-17 是 ABB 机器人 IRB6640 的机械原点位置标识。

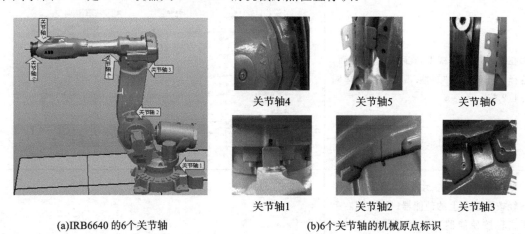

关节轴4　　　　　关节轴5　　　　　关节轴6

关节轴1　　　　　关节轴2　　　　　关节轴3

(a)IRB6640 的6个关节轴　　　　　　　　(b)6个关节轴的机械原点标识

图 2-17　ABB 的 IRB6640 机器人机械原点刻度位置

出现以下情况时,需要对机械原点的位置进行转数计数器更新操作:①更换伺服电动机转数计数器电池后;②当转数计数器发生故障,修复后;③转数计数器与测量板之间断开过以后;④断电后,机器人关节轴发生了移动;⑤当系统报警提示"10036 转数计数器未更新"时。

更新转数计数器的操作步骤如下。

①手动操作每个关节轴到标定的机械原点	
②点击示教器上的"ABB 菜单",选择"校准"	

续表

③选择需要校准的机械单元。如果系统只有几个机械手则无须选择	
④在校准界面选择校准内容——转数计数器	
④在弹出警告对话框点击"是"	
⑤选择要更新的机械轴,可以全选。 　如果机器人由于安装位置的关系,6 个轴无法同时到达机械原点刻度位置,则可以逐一对关节轴进行转数计数器更新	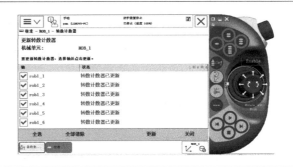
⑥在警告对话框中点击"更新"即可	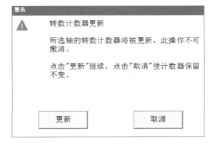

2.4.5　手动操纵的快捷按钮

示教器上的按钮不仅可以实现在各种运行模式之间的快捷转换,还能快捷地设置各种手段操纵参数,具体如图 2-18 所示。

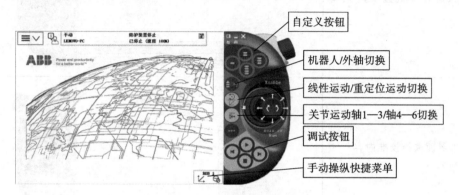

图 2-18　示教器上的快捷按钮

点击屏幕下方的手动操纵快捷菜单后出现的快捷按钮如图 2-19 所示。

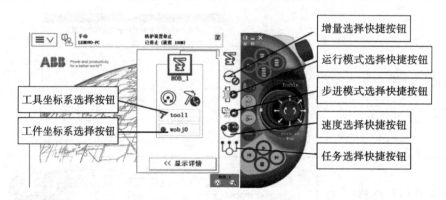

图 2-19　手动操纵快捷按钮

2.4.6　ABB 机器人系统操作

1. 设定示教器的显示语言

示教器的默认显示语言是英语,为了操作方便,我们可以把显示语言设置为中文,具体操作步骤如下。

①将运行模式旋钮拨到"手动限速"模式	

续表

②点击显示屏左上角的菜单栏，选择"Control Panel"	
③在弹出界面选择"Language"	
④在弹出界面选择"Chinese"，然后单击"OK"	
⑤在弹出界面单击"Yes"按钮	
⑥重新启动示教器后，可以看到示教器上显示的为中文	

2. 设定机器人系统的时间

为了方便进行文件的管理和故障的查阅与管理,在进行各操作之前要将机器人系统时间设定为本地时区的时间,具体操作如下。

①点击显示屏左上角菜单栏,选择"控制面板"	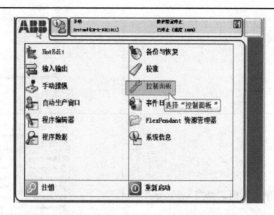
②在弹出界面选择"日期和时间"	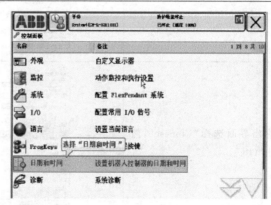
③在弹出界面,对日期和时间进行设定,然后点击"确定"按钮	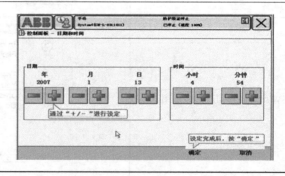

3. 查看 ABB 机器人事件日志

事件日志是机器人系统自动生成的记录信息,它包含每个事件发生的时间。通过查看事件日志可以排除一般故障。事件日志有一定的时效性,因此一旦发生故障建议及时将事件日记拷贝下来。常见 ABB 机器人事件如表 2-3 所示。

表 2-3 常见 ABB 机器人事件

事件编号	事件序列	事件类型
1× ×××	操作事件	与系统处理有关的事件

续表

事件编号	事件序列	事 件 类 型
2×　×××	系统事件	与系统功能、系统状态等有关的事件
3×　×××	硬件事件	与系统硬件、操纵器以及控制器硬件有关的事件
4×　×××	程序事件	与 RAPID 指令、数据等有关的事件
5×　×××	动作事件	与控制操纵器的移动和定位有关的事件
7×　×××	I/O 事件	与输入和输出、数据总线等有关的事件
8×　×××	用户事件	用户定义的事件
11×　×××	过程事件	特定应用事件,包括弧焊、点焊等

点击状态栏就可打开事件日记,以查看、删除或保存想要的事件日志,如图 2-20 所示。

图 2-20　机器人的事件日志

4. 查看机器人系统信息

系统信息显示了控制器和正在运行系统的相关信息,可以查看到当前正在使用的软件版本和选项、控制和驱动模块的当前密钥以及网络连接等信息。

选择"ABB 菜单"→"系统信息",点开就可看到系统信息画面,如图 2-21 所示。

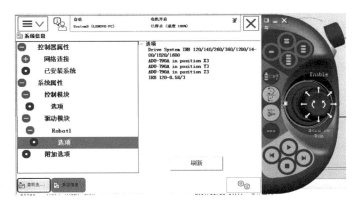

图 2-21　机器人系统信息

系统信息中各栏目内容见表 2-4。

表 2-4　系统信息内容

系统信息栏目	栏目内容
控制器属性	控制器名称
网络连接	服务端口和局域网属性
已安装系统	已安装系统的列表
系统属性	当前正在使用的系统信息
控制模块	控制模块的名称和密钥
选项	已安装的 RobotWare 选项与语言
驱动模块	列出所有驱动模块
驱动模块选项	驱动模块的选项,含机器人类型等
附加选项	任何已安装的附加选项

5. 系统备份与恢复

定期对 ABB 机器人系统进行备份,是保证机器人正常工作的良好习惯。当机器人系统运行不正常,或编程点丢失,或安装新系统后,可以通过备份快速把机器人恢复到备份时的状态。

备份文件以目录形式存储,默认目录名后缀为当前日期。一般存储在系统的 BACKUP 目录中,包含以下内容:

(1) BACKINFO 目录,当前备份的相关信息;

(2) HOME 目录,复制系统 HOME 目录中的内容(建议程序存储目录);

(3) RAPID 目录,保存当前加载到内存中的程序;

(4) SYSPAR 目录,保存系统参数配置文件(如 EIO.cfg,PROC.cfg);

(5) system.xml,可查看系统信息,如版本、控制器密钥、机器人型号、机器人密钥、软件配置选项等。

机器人系统备份的操作步骤如下。

①选择主菜单中的"备份与恢复"	
②单击"备份当前系统..."	

③在弹出界面点击"ABC..."按钮,修改当前备份名称;点击"..."按钮,选择当前备份保存路径,然后点击"备份",进行备份操作	

机器人系统恢复的操作步骤如下。

①选择主菜单中的"备份与恢复"	
②单击"恢复系统..."	
③在弹出界面点击"..."按钮,选择备份存放目录,然后点击"恢复"	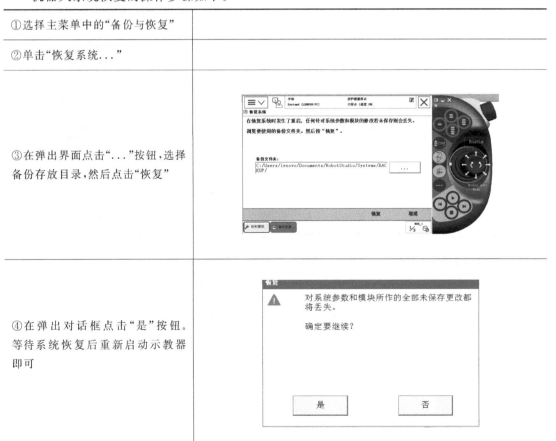
④在弹出对话框点击"是"按钮。等待系统恢复后重新启动示教器即可	

注意:不能将一台机器人的备份恢复到另一台机器人中去,否则会造成系统故障。

6. 单独导入程序

为方便批量生产使用,常会将程序和 I/O 的定义做成通用的,通过单独导入程序或 EIO 文件来解决实际的需要。单独导入程序的具体步骤如下。

①在示教器菜单中选择"程序编辑器"	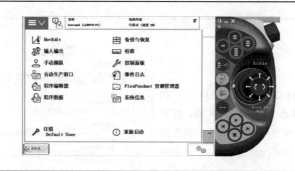
②在出现的界面中选择"模块"并单击	
③在出现界面选择"文件"→"加载模块...",从 RAPID 文件夹下选择需要的程序模块	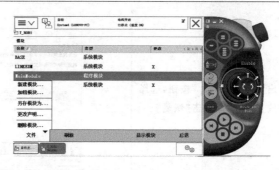

7. 单独导入 EIO 文件

EIO 文件存储的是机器人系统的 I/O 信息,不是程序,所以导入方式与程序的导入不同,其步骤如下。

①在 ABB 菜单中选择"控制面板"	
②在弹出界面选择"配置"	
③在弹出界面选择"文件"→"加载参数..."	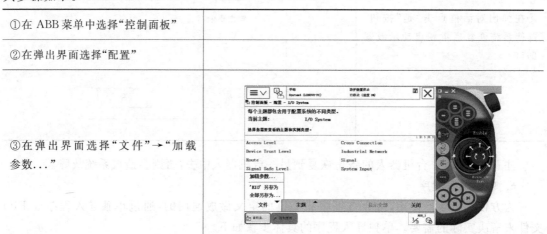

续表

④在出现的界面单击"加载",然后在 SYSPAR 目录下找到 EIO. cfg 文件,单击"确定"	

8. 机器人的重新启动

在以下情况下需要重新启动机器人系统:

(1) 安装了新的硬件;

(2) 更改了机器人系统配置参数;

(3) 出现系统故障(SYSFAIL);

(4) RAPID 程序出现程序故障。

机器人的重启类型如表 2-5 所示。

表 2-5 机器人的重启动类型

重启动类型	说 明
热启动	使用当前的设置重新启动当前系统
B-启动	重启并尝试回到上一次的无错状态,一般会在出现系统故障时使用
I-启动	重启并将机器人系统恢复到出厂状态
P-启动	重启并将用户加载的 RAPID 程序全部删除
C-启动	删除当前系统后打开启动界面
X-启动	暂停当前系统后打开启动界面

热启动时当前系统停止运行,所有系统参数和程序保存到一个映像文件中;重启过程中系统状态被恢复;静态和半静态任务将启动;程序从停止点启动;激活改变的系统配置。

B-启动重启后,系统将用上次成功关机的映像文件的备份。这意味着在该次成功关机之后对系统所做的全部更改都将丢失。

I-启动重启后,系统状态恢复,但会丢失对系统参数和其他设置的更改。系统参数和其他设置将恢复到原始安装系统的状态。

P-启动重启后,除了手动加载的程序和模块,系统将恢复到先前状态;静态和半静态的任务将会重新执行,而不是从系统停止时的状态执行;模块将根据已设置的系统配置安装和加载,但系统参数不受影响。

C-启动时当前系统将停止运行;系统目录中的所有内容、程序和备份将被删除。这意味着该系统将无法恢复,需要安装一个新系统。

X-启动时当前系统将停止运行;所有程序及系统参数将保存到一个映像文件中,以便随时恢复系统状态,可以选择启动其他已安装的系统。

重启系统的具体步骤如下。

①在 ABB 菜单中,单击 ⓘ 重新启动,打开重新启动窗口	
②单击"高级...",可以进入高级启动窗口,选择不同的启动方式	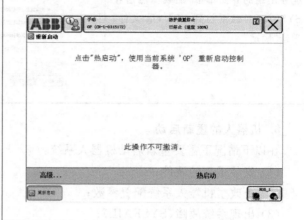
③单击"确定",机器人将按照所选启动方式进行重新启动	

习　　题

1. 简述控制器面板及示教器屏幕的构成。
2. 如何恢复紧急停止状态有可能触发的条件?
3. 如何确定机器人各轴的机械零位?
4. 简述输入/输出信号查看及模拟的方法。
5. 简述系统备份与恢复,了解备份存储的目录。
6. 转数计数器未正确更新会出现什么问题,该怎么解决?
7. 如何将备份文件复制到电脑?
8. 手动操纵机器人练习。

(1) 练习设定操作速度及锁定方向,体会摇杆。

(2) 移动机器人到零位标记,记录各轴角度。

轴 1	轴 2	轴 3	轴 4	轴 5	轴 6

(3) 以面对机器人为参考正向,测试各轴的方向和运动极限,观察显示面板,并记录。

	轴 1		轴 2		轴 3		轴 4		轴 5		轴 6	
	正	负	正	负	正	负	正	负	正	负	正	负
极限												

（4）将系统备份到 U 盘，到计算机上观察备份出的内容。

（5）在计算机上观察保存"Service. log"信息，熟悉其格式。

（6）练习修改系统时间。

（7）设定机器人为单轴运动方式，移动机器人至标定位置，记录各轴角度后，重新标定机器人零位，记录新的各轴角度。完成下表，并比较。

	轴 1	轴 2	轴 3	轴 4	轴 5	轴 6
标定前						
标定后						

（8）读取机器人标定值，并与原始值进行比较。

	轴 1	轴 2	轴 3	轴 4	轴 5	轴 6
读取值						
标签值						

注：标签贴在机器人的基座上。

第3章 机器人的输入/输出

学习目标：

(1) 了解 ABB 机器人输入/输出信号的分类。

(2) 掌握输入/输出信号的设置。

(3) 掌握系统输入/输出信号的设置。

图 3-1 为外部信号与 ABB 机器人的连接通道。

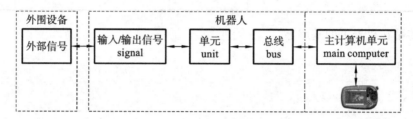

图 3-1 外部信号与 ABB 机器人的连接通道

ABB 机器人提供了丰富的通信接口（见表 3-1），即可与 PC 机直接通信，也可与其他设备通过现场总线进行通信，还可通过 ABB 标准 I/O 板实现信号的输入/输出。

表 3-1 ABB 通信接口

PC	现场总线	ABB 标准
	DeviceNet	
RS232 通信	Probibus	标准 I/O 板
OPCserver	Probibus-DP	PLC
SocketMessage	Probinet	……
	EtherNetIP	

本章主要介绍标准 I/O 板及 I/O 信号的配置，ABB 标准 I/O 板都是下挂在 DeviceNet 现场总线下的，因此本章不涉及总线的配置，在实际应用中，如果外部设备通过其他总线与机器人通信，需要先配置总线。

3.1 机器人输入/输出信号的分类

ABB 工业机器人的输入/输出信号分为六类：

①DI(digital input) 单个数字输入信号，24 V 为"1"，0 V 为"0"，如物料检测到位信号。

②DO(digital output) 单个数字输出信号，24 V 为"1"，0 V 为"0"，如焊枪开关信号、送

气信号。

③GI(group input)　组合输入信号,使用 8421 码,如工位标志信号。

组合输入信号就是将几个数字输入信号组合起来使用,用于接受外围设备的输入的 BCD 编码的十进制数。如果 GI 占用地址 1~4,共 4 位,则 GI 的取值可为十进制数 0~15,如果占用地址 5 位的话,则它可代表十进制的 0~31。其取值如表 3-2 所示。

表 3-2　GI 状态对应的十进制数

状　　态	地址 1	地址 2	地址 3	地址 4	十进制数
	1	2	3	4	
状态 1	0	1	0	1	2＋8＝10
状态 2	1	0	1	1	1＋4＋8＝13

④GO(group output)　组合输出信号,使用 8421 码,如控制多吸盘工具的信号。

组合输出信号同组合输入信号一样,也是将几个数字输出信号组合起来使用,用于输出 BCD 编码的十进制数,如果 GO 占用地址 33~36 共 4 位,则可以代表十进制数 0~15,如果占用地址 5 位的话,可以代表十进制数 0~31。

⑤AI(analog input)　模拟量输入信号,0~10 V。

⑥AO(analog output)　模拟量输出信号,0~10 V,如控制电流、电压的模拟量。

要使用相应信号必须配备对应的输入/输出(I/O)板。

3.2　ABB 机器人常用标准 I/O 板

ABB 的标准 I/O 板提供的常用信号处理有数字输入 DI、数字输出 DO、模拟输入 AI、模拟输出 AO,以及输送链跟踪。常用 ABB 标准 I/O 板如表 3-3 所列。

表 3-3　常用 ABB 标准 I/O 板

型　　号	说　　明
DSQC651	分布式 I/O 模块 DI8\DO8 AO2
DSQC652	分布式 I/O 模块 DI16\DO16
DSQC653	分布式 I/O 模块 DI8\DO8 带继电器
DSQC355A	分布式 I/O 模块 AI4\AO4
DSQC377A	输送链跟踪单元

ABB 标准 I/O 板 DSQC651 是最为常用的模块,提供 8 个数字输入信号、8 个数字输出信号和 2 个模拟输出信号的处理,其接口如图 3-2 所示。

X1、X3、X6 端子使用定义和地址分配分别见表 3-4、表 3-5、表 3-6。

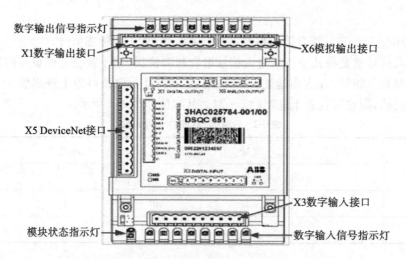

图 3-2　DSQC651 模块接口

表 3-4	X1 端子连线说明			表 3-5	X3 端子连线说明			表 3-6	X6 端子连线说明	
端子编号	使用定义	地址分配		端子编号	使用定义	地址分配		端子编号	使用定义	地址分配
1	OUTPUTCH1	32		1	INPUTCH1	0		1	未使用	
2	OUTPUTCH2	33		2	INPUTCH2	1		2	未使用	
3	OUTPUTCH3	34		3	INPUTCH3	2		3	未使用	
4	OUTPUTCH4	35		4	INPUTCH4	3		4	未使用	
5	OUTPUTCH5	36		5	INPUTCH5	4		5	模拟输出 AO1	0～15
6	OUTPUTCH6	37		6	INPUTCH6	5		6	模拟输出 AO2	16～31
7	OUTPUTCH7	38		7	INPUTCH7	6				
8	OUTPUTCH8	39		8	INPUTCH8	7				
9	0 V			9	0 V					
10	24 V			10	未使用					

　　ABB 标准 I/O 板是挂在 DeviceNet 网络上的,所以要设定模块在网络中的地址,地址可用范围为 10～63,由 X5 端子的 6～12 的跳线决定。X5 端子插头如图 3-3 所示,端子的使用定义见表 3-7。

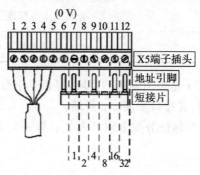

图 3-3　X5 端子插头

表 3-7　X5 端子的使用定义

端 子 编 号	使 用 定 义
1	0 V(黑)
2	CAN 信号线　低(蓝)
3	屏蔽线
4	CAN 信号线　高(白)
5	24 V(红)
6	GND 地址选择公共端
7	模块 ID bit0(LSB)
8	模块 ID bit1(LSB)
9	模块 ID bit2(LSB)
10	模块 ID bit3(LSB)
11	模块 ID bit4(LSB)
12	模块 ID bit5(LSB)

实际使用中,将图 3-3 所示的插头插入 X5 端子中。短接片用于确定 I/O 板在总线上的地址,此图中,短接片的第 8 和第 10 脚被折弯,故地址为 $2+8=10$。

3.3　设定 I/O 信号

ABB 机器人 I/O 信号设定顺序为:先设定 I/O 模块单元,再设定 I/O 信号。

3.3.1　设定 I/O 模块单元

假设机器人控制配置的 I/O 模块单元为一块 DSQC652 板,DSQC652 板提供 16 个数字输入(地址为 0~15)和 16 个数字输出信号(地址为 0~15)。具体设置步骤如下。

①在菜单中,单击"🔧 控制面板",
打开控制面板窗口

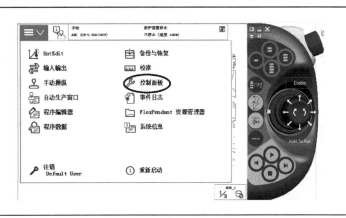

② 单击"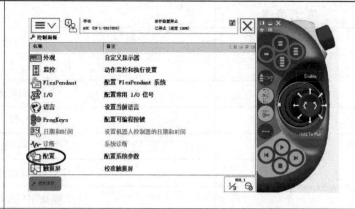配置",打开配置窗口

③双击"DeviceNet Device"

④点击"添加"

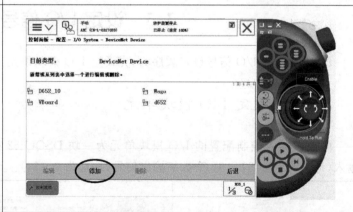

⑤点击"〈默认〉"

⑥会出现下拉菜单，根据硬件的型号选择对应的装置	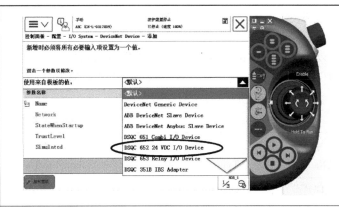
⑦在 Name 栏修改名称，不能以数字开头，推荐用 Board 开头，后面加上板卡的地址。 注意：在系统内名称不允许重复，第一位必须为字母，由字母、数字、下划线组成，最长 16 位字符	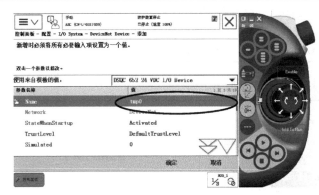
⑧在 Address 中将数字改为硬件跳线的地址	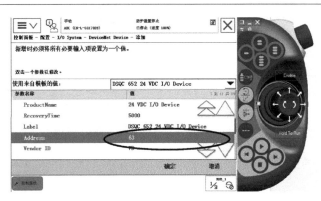
⑨将地址修改后，按"确定"，可不重启机器人，待 I/O 信号设置好后，再重启机器人，使设置一并生效	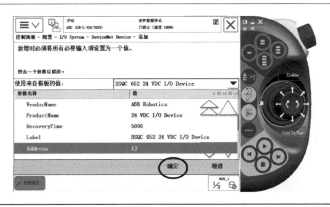

3.3.2　定义 I/O 信号

以定义数字输出信号 DO1 步骤为例进行讲解，数字输入信号 DI1、组合输入信号 GI1、组合输出信号 GO1 与其步骤一致，根据信号名称和类型，及地址进行相应设置即可。I/O 信号设置参数如表 3-8 所示。

表 3-8　I/O 信号设置参数

信号名称 (Name)	信号类型 (Type of Signal)	信号连接单元 (Assigned to Device)	信号单元地址 (Device Mapping)
DO1	Digital Output		0
DI1	Digital Input	Board13	0
GI1	Group Input		1~4
GO1	Group Output		1~4

具体设置步骤如下。

①在配置系统参数界面，点击"Signal"	
②点击"添加"	
③在"Name"栏修改名称为"do1"	

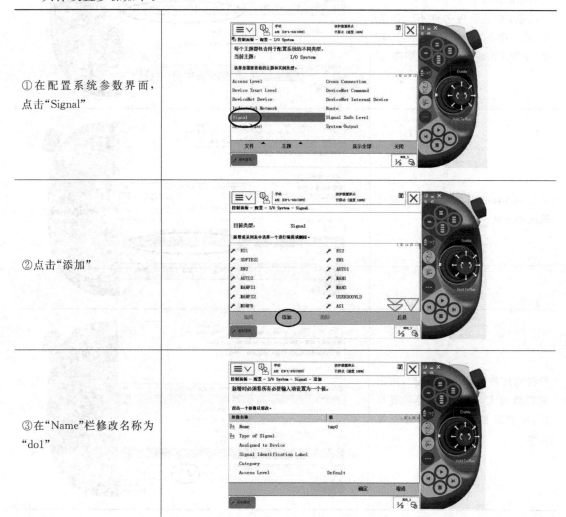

续表

④在"Type of Signal"栏选择"Digital Output"	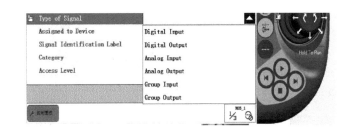
⑤在"Assigned to Device"中选择刚才配置的"Board13"	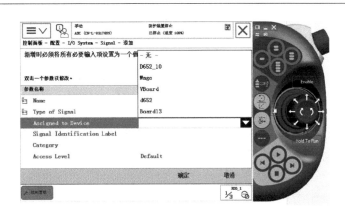
⑥在"Device Mapping"中设定信号的地址,1 号信号位对应的是 0,2 号信号位对应的是 1,依次类推	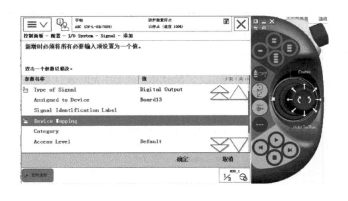
⑦在"Invert Physical Value"中,如果是正常情况默认为"No",如果需要信号反置时,选"Yes"	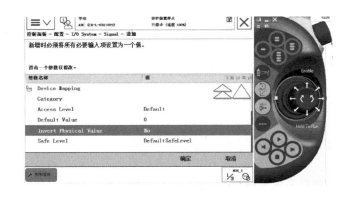

⑧在"Access Level"中选择使用等级	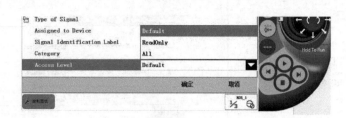 Default是默认的,如果是输出信号,可以手动设定信号; ReadOnly只能在程序中运行设定,不允许手动设定; All在手动或自动情况下都可以通过I/O界面设定,这种情况不建议使用
⑨重新启动机器人,信号配置即可生效	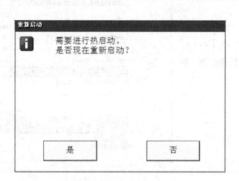

如果设置的是模拟输出信号,还需要设置输出模拟信号的取值范围,即图3-4中的"Analog Encoding Type"(模拟信号属性)、"Maximum Logical Value"(最大逻辑值)、"Maximum Physical Value"(最大物理值)、"Maximum Bit Value"(最大位值)等。

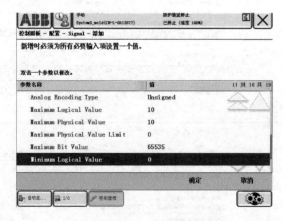

图3-4　模拟输出信号的设置参数

3.3.3　I/O信号的监控和仿真

I/O信号设置生效后,可对其状态和数值进行监控或仿真,便于在机器人检修和程序调试中使用。

1. 监控 I/O 信号

①在 ABB 菜单中,单击"输入输出"	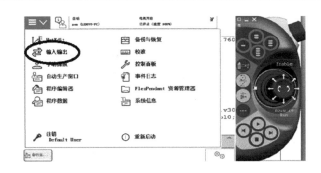
②选择"视图",单击"IO 设备"	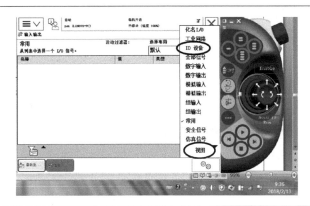
③选择"board13",单击"信号"	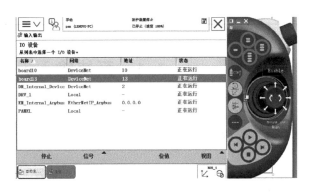
④ 可看到刚才设置好的"board13"单元下的所有输入输出信号及其当前值	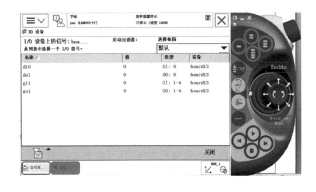

2. 仿真 I/O 信号

①选择一个信号,单击"仿真",单击"1"或"0",将该信号的状态仿真	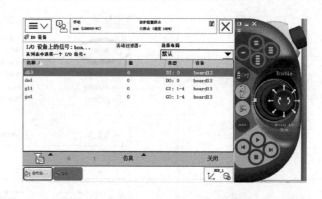
②仿真结束后,单击"消除仿真"	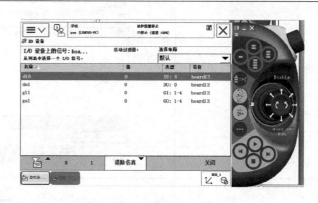

3.4　系统输入/输出

3.4.1　系统输入

系统输入是指通过某个数字输入信号来控制机器人的某种运行状态,如开启电动机、启动程序等。所有系统输入在自动模式下都能启动;但部分系统输入在手动模式下将丧失功能,还可以通过系统输入在远端对机器人进行控制。典型应用为控制程序的开始、暂停、停止等。

注:系统输入可在远端对机器人进行控制,注意安全!

1. 常用系统输入信号

常用系统输入信号见表3-9。

表 3-9　常见机器人系统输入

系 统 输 入	含 　 义	备 　 注
Motors On	机器人电动机上电(自动状态)	
Motors On and Start	机器人上电并运行(自动状态)	机器人电动机上电后,自动从程序指针当前位置运行机器人程序

系 统 输 入	含　　义	备　　注
Motors Off	机器人电动机下电	当机器人正在运行时,系统先自动停止机器人运行,再使电动机下电;如果此输入信号值为1,机器人将无法使电动机上电
Start	运行机器人程序(自动状态)	从程序指针当前位置运行机器人程序
Start at Main	重新运行机器人程序(自动状态)	从主程序第一行运行机器人程序,如果机器人正在运行,此功能无效
Stop	停止运行机器人程序	当此输入信号值为1时,机器人将无法运行机器人程序

2. 系统输入信号的设置

①在 **ABB** 菜单中,单击 🔧 **控制面板**,打开控制面板窗口	
②单击 🔳 **配置**,打开配置窗口	
③双击"System Input"	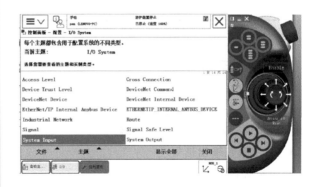
④单击"添加"增加系统输入。 　　只有完成定义相应的输入信号,才能定义相应的系统输入	

续表

⑤点击"Signal Name",选择相应的数字输出信号的名称。 ⑥点击"Action"选择相应的系统功能	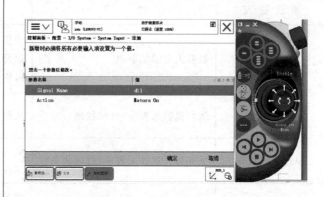
⑦然后点击"确定"。所有设置完成后在重新启动对话框中点击"是",使设置生效。 　定义完毕需要热启动,否则更改不会生效	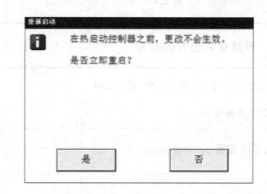

3.4.2　系统输出

系统输出是指机器人通过某个数字输出信号来表示当前某种运行状态。典型应用为机器人的执行错误、碰撞发生或急停状态发生。

1. 常用系统输出信号

常用系统输出信号见表 3-10。

表 3-10　常见机器人系统输出

系统输出	含　义	备　注
Auto On	机器人处在自动模式	
Cycle On	机器人程序正在运行	机器人程序正在运行,包括预置程序
Emergency Stop	急停	机器人处在急停状态,拔出急停按钮,重新复位急停后,信号才复位
Motor Off State	机器人电动机下电	信号稳定,不会闪烁
Motor On State	机器人电动机上电	信号稳定,不会闪烁
Motor Off	机器人电动机下电	如果机器人安全链打开,此信号将闪烁
Motor On	机器人电动机上电	如果机器人安全链打开,此信号将闪烁

续表

系 统 输 出	含　　义	备　　注
Execution Error	执行错误	由于程序错误机器人程序停止执行
Power Fail Error	电源故障	热启动后,机器人程序无法立即再运行,一般情况下,程序将被重置,从主程序第一行开始运行,这种状态下,此信号将被输出
TCP Speed	机器人运行速度	此系统输出必须连接至一个模拟量输出信号,其逻辑量为 2,代表机器人当前速度为 2000 mm/s

2. 系统输出的设置

系统输出设置步骤同系统输入的设置。

3.5　练　　习

控制台上从左到右依次有两个开关,两个指示灯,如图 3-5 所示,它们已经分别接在 DSQC652 的第 1、2 输入接口和第 1、2 输出接口。

图 3-5　控制台按钮和指示灯

操作步骤:

①按表 3-11 进行信号设置。设置步骤同 3.4 节的介绍,此处不再赘述。

表 3-11　信号设置

元　　件	Single	System Single
开关 1	di1	Motor On
开关 2	di2	Start at Main
指示灯 1	do1	Motor On
指示灯 2	do2	Cycle On

②在示教器上编辑程序。

```
PROC main()
    MoveL p10,v300,z10,tool0;
    MoveL Offs(p10,80,0,0),v300,fine, tool0;
    MoveL Offs(p10,80,100,0),v300,fine, tool0;
    MoveL Offs(p10,0,100,0),v300,fine, tool0;
    MoveL p10,v300,fine, tool0;
ENDPROC
```

③将示教器上的运行模式按钮打到"自动运行"。

④先拨动开关1,观察机器人和指示灯1、指示灯2的状态,再拨动开关2,观察机器人和指示灯1、指示灯2的状态,填入表3-12。

表 3-12

动　作	机　器　人	指示灯 1	指示灯 2
开关 1 开			
开关 2 开			

习　题

1. 简述查看信号的步骤。

2. 简述配置 I/O 信号的步骤。

3. 如何模拟选中的输出信号?

4. DeviceNet 接口如图 3-6 所示,板的地址怎么计算?

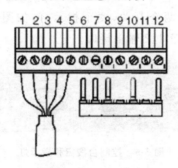

图 3-6　DeviceNet 接口

5. 在 D651 板上添加第 5 个 DO 信号,则它的物理地址是多少?

6. 操作题:

(1) 定义一块输入/输出板 DSQC651/652。

(2) 按表 3-13 在这块输入/输出板上定义 3 个输入信号、3 个输出信号、1 个 3 位组输入信号与 1 个 3 位组输出信号。

表 3-13

信　号　名	信　号　类　型	输入/输出板接线座端口号
DO01	DO	1
DO02	DO	2
DO03	DO	3
DI01	DI	1
DI02	DI	2
DI03	DI	3
GO1	GO	6~8
GI1	GI	6~8

（3）根据信号名,完成表 3-14。

表 3-14

信号名	信号类型	值	总　　　线	输入/输出板型号	输入/输出板地址	输入/输出板名称
Do01	DO					
Do02	DO					
Do03	DO					
Di01	DI					
Di02	DI					
Di03	DI					
Go1	GO					
Gi1	GI					

（4）对其中的 DO 信号强制改变输出值,观察 I/O 板信号灯状态。

（5）对其中的 GO 信号强制改变输出值,观察 I/O 板信号灯状态。

第4章 工业机器人编程

学习目标：

(1) 熟悉 RAPID 程序的结构。

(2) 熟悉程序数据并掌握程序数据的设置方法。

(3) 熟悉编程指令并掌握程序的建立步骤。

4.1 认识机器人程序

ABB 工业机器人应用程序是使用称为 RAPID 编程语言的特定词汇和语法编写而成的。RAPID 是一种英文编程语言，所包含的指令可以移动机器人、设置输出值、读取输入值，还能实现决策、重复其他指令、构造程序、与系统操作员交流等功能。下面是一个机器人程序，控制机器人从 P10→P20→P30→P40→P10 走一圈。

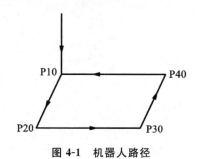

图 4-1 机器人路径

```
MODULE TEST        ——程序模块
PERS tooldata tPen := [TRUE,[[200,0,30],[1,0,0,0]],[0.8,[62,0,17],
[1,0,0,0],0,0,0]];     ——工具数据，可变量
CONST robtarget p10:=[[600,- 100,800],[0.707170,0,0.707170,0],[0,
0,0,0],[9E9,9E9,9E9,9E9,9E9,9E9]];     ——机器人运动目标位置数据，常量
CONST robtarget p20:=[[600,100,800],[0.707170,0,0.707170,0],[0,0,
0,0],[9E9,9E9,9E9,9E9,9E9,9E9]];     ——机器人运动目标位置数据，常量
CONST robtarget p30:=[[800,100,800],[0.707170,0,0.707170,0],[0,0,
0,0],[9E9,9E9,9E9,9E9,9E9,9E9]];     ——机器人运动目标位置数据，常量
CONST robtarget p40:=[[800,- 100,800],[0.707170,0,0.707170,0],[0,
0,0,0],[9E9,9E9,9E9,9E9,9E9,9E9]];     ——机器人运动目标位置数据，常量
PROC main()     ——主程序
MoveL p10, v200, fine, tPen;     ——直线运动
MoveL p20, v200, fine, tPen;     ——直线运动
```

```
MoveL p30,v200, fine, tPen;        ——直线运动
MoveL p40, v200, fine, tPen;       ——直线运动
MoveL p10, v200, fine, tPen;       ——直线运动
ENDPROC
ENDMODULE
```

4.2　RAPID 应用程序结构

RAPID 程序由程序模块和系统模块组成,其基本架构如图 4-2 所示。

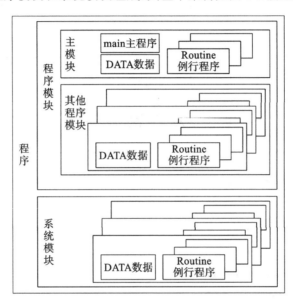

图 4-2　RAPID 应用程序结构

说明:

(1) RAPID 程序是由程序模块与系统模块组成。一般,我们通过新建程序模块构建机器人的程序,而系统模块通常由机器人制造商或生产线建立者编写。所有 ABB 工业机器人都自带两个系统模块,USER 模块与 BASE 模块。根据机器人应用不同,有些机器人会配备其他相应应用的系统模块。建议不要对任何自动生成的系统模块进行修改。系统模块不会随着程序删除而消失,可在 USER 系统模块中写入常用的数据和例行程序。

(2) 根据不同功能可以创建多个程序模块,如专门用于主控制的程序模块、用于位置计算的程序模块、用于存放数据的程序模块等,这样便于归类管理不同用途的例行程序与数据。

(3) 每一个程序模块包含了程序数据、例行程序、中断程序和功能四种对象,但不一定在一个模块中都有这四种对象,程序模块之间的数据、例行程序、中断程序和功能是可以互相调用的。

(4) 每个程序模块中都可以有多个例行程序,相当于高级程序语言中的子程序,用于执行不同的功能。例行程序中也可以包含需要的数据。

(5) 所有例行程序与数据无论存于哪个模块,全部被系统共享。所以所有例行程序与数据除特殊定义外,名称必须是唯一的。

（6）主程序是一个特别的例行程序。在 RAPID 程序中，只有一个主程序 main，可存在于任意一个程序模块中，是整个 RAPID 程序执行的起点，控制机器人程序流程。

（7）程序数据是在程序或系统模块中设定的值和定义的一些环境数据。程序数据可由同一模块或其他模块中的指令进行引用。如一条机器人直线运动指令"MoveL p10，v200，fine，tPen；"中就使用了四个程序数据。

表 4-1　程序数据

程 序 数 据	数 据 类 型	说　　明
p10	robtarget	机器人运动目标位置数据
v200	speeddata	机器人运动速度数据
fine	zonedata	机器人运动转弯半径数据
tPen	tooldata	机器人工具数据 TCP

下面我们从程序数据、程序指令依次学习机器人编程。

4.3　程序数据类型

4.3.1　程序数据的类型

在示教器的"程序数据"窗口可查看和创建所需要的程序数据，如图 4-3 所示。

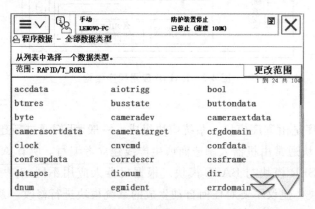

图 4-3　机器人的程序数据类型

ABB 工业机器人的程序数据共有 102 种，还可以根据实际情况创建新的程序数据。常见程序数据类型如表 4-2 所示。

表 4-2　常见 ABB 程序数据类型

程 序 数 据	说　　明	程 序 数 据	说　　明
bool	布尔量	pos	位置数据（只有 x、y、z）
byte	整数数据 0~255	pose	坐标转换
clock	计时数据	robjoint	机器人轴角度数据
dionum	数字输入/输出信号	robtarget	机器人与外轴的位置数据

续表

程 序 数 据	说　明	程 序 数 据	说　明
extjoint	外轴位置数据	speeddata	机器人与外轴的速度数据
intnum	中断标志符	string	字符串
jointtarget	关节位置数据	tooldata	工具数据
loaddata	负荷数据	trapdata	中断数据
mecunit	机械装置数据	wobjdata	工件数据
num	数值类型	zonedata	TCP 转弯半径数据
orient	姿态数据		

系统中还有一些针对特殊功能的程序数据,在对应的功能说明书中会有相应的详细介绍。也可根据需要新建程序数据类型。

4.3.2　程序数据的存储类型

数据类型在内存中的存储形式分为三种:变量、常量和可变量。这里可变量也是一种变量,它和变量的区别在于程序指针被移走后,其值是否会改变。

1. 变量 VAR

变量型数据在程序执行的过程中和停止时,会保持当前的值,但如果程序指针被移到主程序后,数值会丢失。其使用方法如下例:

VAR num count:=0;　定义一个名为 count 的数值型变量,并令其初始值为 0

VAR string name:="John";　定义一个名为 name 的字符型变量,并令其初始值为 John

VAR bool flag:=FALSE;　定义一个名为 flag 的布尔型变量,并令其初始值为 False

注:①VAR 表示存储类型为变量;num 表示程序数据类型是数值型。

②在定义数据时,可以定义变量型数据的初始值。如上例中 count 的初始值为 0,name 的初始值为 John,flag 的初始值为 FALSE。

③在 RAPID 程序中也可以对变量存储类型的程序数据进行赋值的操作,如:

```
MODULE test
  VAR num count:= 0;
  VAR string name:= "John";
  VAR bool flag:= FALSE;
PROC main()
  count:= 7;
  name:= "July";        变量重新赋值,当指针复位后将恢复为初始值
  flag:= TRUE;
END PROC
END MODULE
```

④在程序中执行变量型数据的赋值,在指针复位后将恢复为初始值。

2. 可变量 PERS

可变量最大的特点是,无论程序的指针如何,都会保持最后赋予的值。其使用方法如下例:

PERS num number:=1;　定义一个名为 number 的数值型可变量,其初始值为 1

PERS string s1:="Hello";　定义一个名为 s1 的字符型可变量,其初始值为 Hel-lo

注:①在机器人执行的 RAPID 程序中也可以对可变量存储类型程序数据进行赋值的操作。

②在程序执行以后,赋值的结果会一直保持,直到对其进行重新赋值。

3. 常量 CONST

常量的特点是在定义时已赋予了数值,并不能在程序中进行修改,除非手动修改。其使用方法如下例:

CONST num g:= 9.81;　　定义一个名为 g 的数值型常量,其值为 9.81

CONST string s1:= "Hello";　　定义一个名为 s1 的字符型常量,其值为 Hello

注:存储类型为常量的程序数据,不允许在程序中进行赋值的操作。

4.3.3　三个关键的程序数据的设定

在进行正式的编程之前,需要构建起必要的编程环境,其中有三个必需的程序数据(工具数据 tooldata、工件数据 wobjdata、负荷数据 loaddata)需要在编程前进行定义。

1. 工具数据 tooldata

工具数据 tooldata 用于描述安装在机器人第六轴上的工具的 TCP(tool center point,工具中心点)、质量、重心等参数数据。一般不同的机器人配置不同的工具,如弧焊机器人配置弧焊枪作为工具,而用于搬运板材的机器人使用吸盘式的夹具作为工具,如图 4-4 所示,那它们的 TCP、质量、重心等参数是不同的。

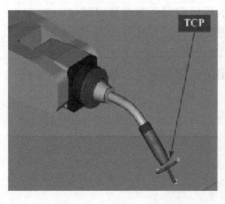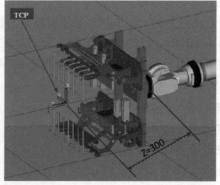

图 4-4　工具中心点

执行程序时,机器人就是将 TCP 移至编程位置,程序中所描述的速度与位置就是 TCP 在对应工件坐标中的速度与位置。那么,更改工具和工具坐标系后,相同的指令下的机器人是将新的 TCP 送达目标点,此时机器人的移动位姿将发生变化。

所有机器人在手腕处都有一个预定义工具坐标系,该坐标系被称为 tool0,它位于机器人安装法兰的中心,这样就能将一个或多个新工具坐标系定义为 tool0 的偏移值。以图 4-4 中的搬运薄板的真空吸盘夹具为例,质量是 25 kg,重心在默认 tool0 的 Z 正方向偏移 250 mm,TCP 点设定在吸盘的接触面上,从默认 tool0 上的 Z 正方向偏移了 300 mm。

1) TCP 设定原理

(1) 在机器人工作范围内找一个非常精确的固定点作为参考点,如图 4-5 所示。

(2) 在工具上确定一个参考点(最好是工具中心点)。

(3) 用手动操纵机器人的方法,去移动工具上的参考点,以四种以上不同的机器人姿态尽可能与固定点刚好碰上。为了获得更准确的 TCP,可以使用六点法进行操作,第四点是用工具的参考点垂直于固定点,第五点是工具参考点从固定点向将要设定为 TCP 的 X 方向移动,第六点是工具参考点从固定点向将要设定为 TCP 的 Z 方向移动。

(4) 机器人通过这几个位置点的位置数据计算求得 TCP 的数据,然后 TCP 的数据就保存在 tooldata 这个程序数据中被程序进行调用。

图 4-5　利用 TCP 法定义工具坐标系

2) 工具坐标系的定义方法

①TCP 法——机器人 TCP 通过四种不同姿态同固定点相碰,得出多组解,通过计算得出当前 TCP 与机器人手腕中心点(tool0)的相对位置,坐标系方向与 tool0 一致。在设置时,应使前三种姿态相差尽量大些,以提高 TCP 精度,第四种姿态为使工具参考点垂直于固定点。

②TCP&Z 法——在 TCP 法基础上,第五点是工具参考点从固定点向将要设定为 TCP 的 Z 方向移动。

③TCP&X,Z 法——在 TCP 法基础上,第五点是工具参考点从固定点向将要设定为 TCP 的 X 方向移动,第六点是工具参考点从固定点向将要设定为 TCP 的 Z 方向移动。

3) 建立 tooldata 的操作

在机器人的第六轴装好笔,下面以 TCP&Z 法为例叙述在示教器上建立 tooldata——pen 的步骤。

①把示教器的运行模式钥匙拨到"手动减速模式"	

②在示教器初始界面点击"ABB菜单",选择"程序数据"	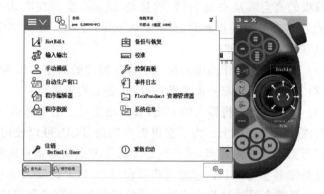
③在程序数据列表中选择"tooldata",点击"显示数据"	
④在弹出界面点击"新建..."	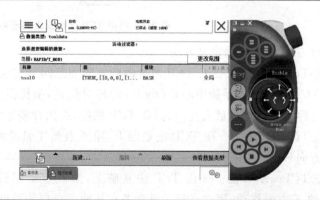
⑤在新数据声明界面,点击名称后的"..."按钮,输入名称"pen",点击"确定",回到新数据声明界面,再点击"确定"	

⑥ 在 tooldata 列表框中选择"pen",点击"编辑",选择"更改值"	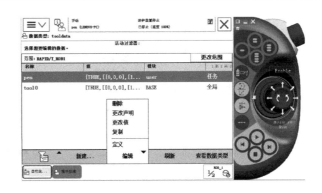
⑦ 在参数列表中,修改 mass 值,根据笔的重量,输入数值。然后点击"确定"	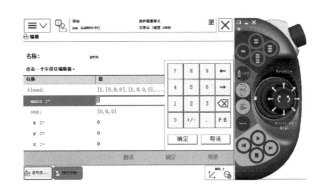
⑧ 回到 tooldata 列表框,选择"pen",点击"编辑",选择"定义"	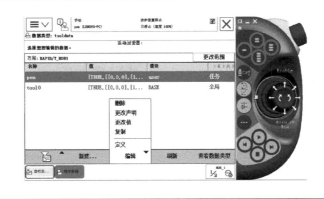
⑨ 在工具坐标定义界面的方法后选择"TCP 和 Z",再点击"点1"	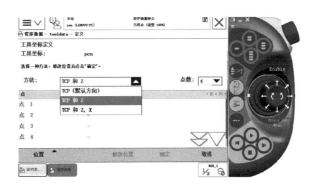

⑩点击"ABB 菜单",选择"手动操纵"	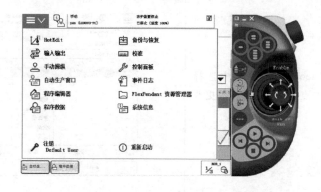
⑪手动操纵机器人上的笔尖靠近固定一点	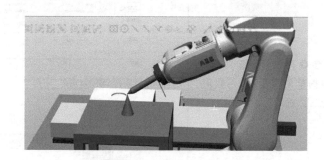
⑫在示教器工具坐标定义界面,点击"修改位置",然后选择"点 2"	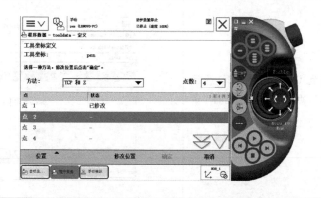
⑬再次点击"ABB 菜单",选择"手动操纵",先选择"线性"动作模式,将机器人抬高,然后选择"重定位"动作模式,让机器人绕着笔尖改变姿态,再选择"线性"动作模式,移动笔尖靠近固定点,然后点击"修改位置",记录点 2 的位姿	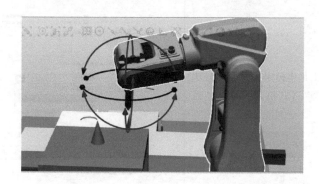

⑭重复步骤⑧～⑪,手动操纵笔尖以不同的位姿靠近固定点并记录点 3、点 4 的位姿数据,然后选择"延伸器点 Z"	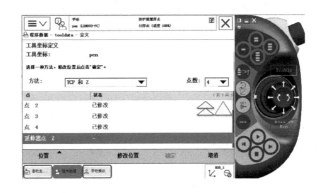
⑮手动操纵机器人,沿着要确定的 Z 轴方向抬高,然后点击示教器上的"修改位置",记录下 Z 轴方向。然后点击"确定",并在弹出的对话框中点击"是"	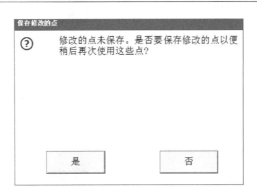
⑯保存定义的 tooldata 至新模块,在弹出界面修改(或不修改)新模块名称,然后点击"确定"	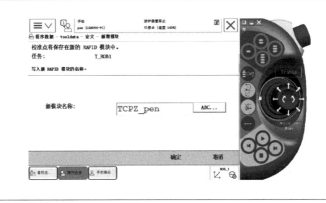
⑰经计算,新的工具坐标的数据会显示在工具坐标定义界面的列表框中,请注意查看"平均误差"项,如果大于 2 mm,请重复上述步骤重新定义。如果平均误差小于 2 mm,则可以点击"确定",保存此数据	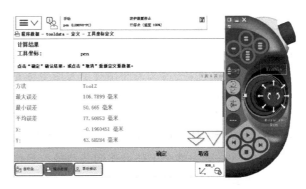

如果能确定 TCP 相对 tool0 的偏移值，以及工具的重心坐标值，也可通过直接输入坐标值的方式定义 tooldata。假设笔的长度是 120 mm，安装在法兰中心，即笔尖的相对 tool0 的偏移值为（0，0，120），则笔的重心相对 tool0 的偏移值为（0，0，60），输入坐标值的步骤如下：

①按前述方法进入数据声明界面，更改好名称后，点击"初始值"	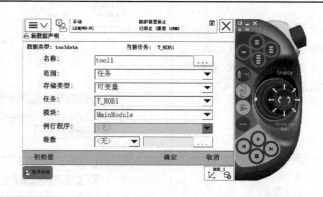
②在编辑界面，首先输入笔尖的 x、y、z 值（x：＝0，y：＝0，z：＝120）	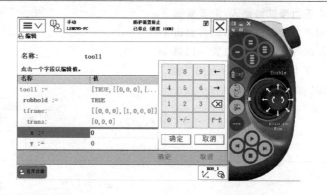
③点击向下的三角箭头，输入 mass 的值，即笔的重量，单位为 kg，这里笔重不到 1 kg，输入 1 即可；然后输入笔尖的 x、y、z 值（x：＝0，y：＝0，z：＝60）；输入完毕点击"确定"	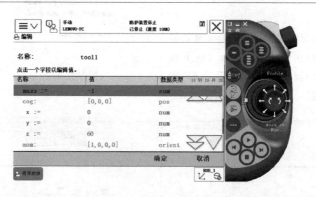

2. 工件数据 wobjdata

工件坐标系对应工件，它定义工件相对于大地坐标系（或其他坐标系）的位置。机器人可以拥有若干工件坐标系，或者表示不同工件，或者表示同一工件在不同位置的若干副本。对机器人进行编程时就是在工件坐标系中创建目标和路径。这带来很多优点：①重新定位工作站中的工件时，只需更改工件坐标系的位置，所有路径将即刻随之更新；②允许操作通过外轴或传送导轨移动的工件，因为整个工件可连同其路径一起移动。

1）工件坐标系的设定原理

在对象的平面上，只需要定义三个点，就可以建立一个工件坐标，如图 4-6 所示。X1 点确定工件坐标原点，$X1$，$X2$ 确定工件坐标 X 正方向，$Y1$ 确定工件坐标 Y 正方向，最后 Z 的正方向根据右手定则得出。

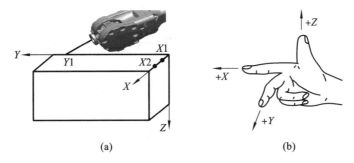

(a)　　　　　　　　　　　　　　　　(b)

图 4-6　工件坐标的设定原理

2）建立 wobjdata 的操作

①把示教器的运行模式钥匙拨到"手动减速模式"；在示教器初始界面点击"ABB 菜单"，选择"程序数据"；在程序数据列表选择"wobjdata"，点击"显示数据"	
②点击工件数据列表框下方的"新建..."	
③在新数据声明界面，修改工件数据名称为"desk"，点击"确定"	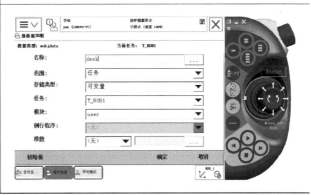

④在工件数据列表中选择"desk",点击"编辑",选择"定义"	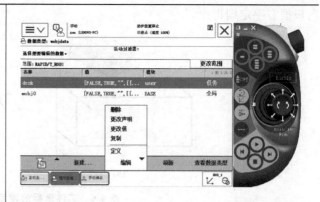
⑤在工件坐标定义界面,选择用户方法为"3点",然后选择"用户点 X1"	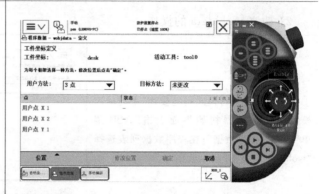
⑥手动操纵机器人移至点 1,在示教器上点击"修改位置",然后依次将机器人移至点 2 和点 3,分别点击"修改位置"	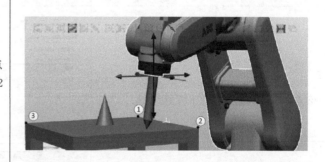
⑦三点位置都存入后,点击"确定"	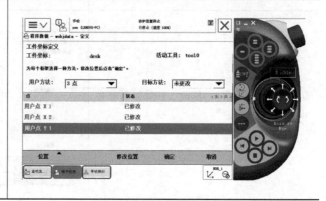

续表

⑧在"保存修改的点"对话框中点击"是"	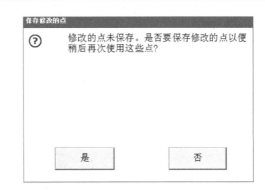
⑨在弹出界面修改（或不修改）新模块名称，然后点击"确定"	
⑩在计算结果界面核对数据无误后，点击"确定"	
⑪新的工件坐标"desk"建立好了	

3. 有效载荷 loaddata 的设定

对于搬运应用的机器人,应该正确设定搬运对象的质量和重心数据,这些数据就是 loaddata,如图 4-7 所示。

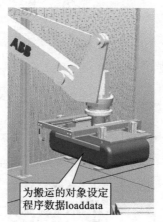

为搬运的对象设定
程序数据loaddata

图 4-7　loaddata 数据

loaddata 的设定步骤如下。

①把示教器的运行模式钥匙拨到"手动减速模式";在示教器初始界面点击"ABB 菜单",选择"程序数据";在程序数据列表选择"loaddata",点击"显示数据"	
②在弹出界面点击"新建…"	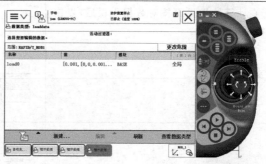
③在新数据声明界面,修改名称或用默认名称load1,然后点击"确定"	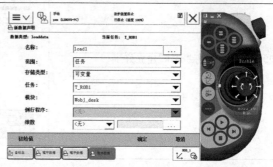

续表

④在 loaddata 列表中双击"load1"	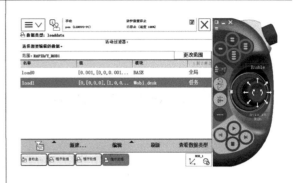
⑤在编辑界面,设定 load1 的参数: mass[单位:kg],搬运对象的重量; x、y、z[单位:mm],搬运对象的重心;}必填 q1、q2、q3,轴配置参数,换算成欧拉角的角度值; ix、iy、iz[单位:kg/m^2],搬运对象的惯性	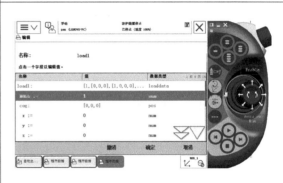

4.4　基本编程指令

4.4.1　赋值指令

"$:=$"赋值指令用于对程序数据进行赋值,所赋的值可以是一个常量,也可以是一个数学表达式,如:

常量赋值:mark1:= 5;

数学表达式赋值:mark2:= mark1+ 4;

赋值指令的输入步骤如下:

①将机器人运行模式拨到"手动减速模式",打开程序编辑器,点击"添加指令",选择"$:=$"	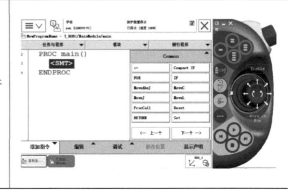

续表

②在插入表达式界面的数据列表框,点击"新建"	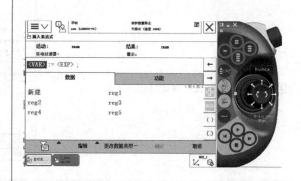
③在新数据声明界面,将名称改为 mark1,然后点击"确定",并用同样的方法新建变量 mark2	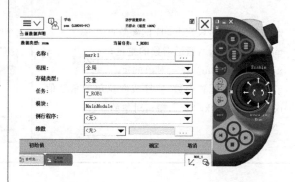
④点击赋值符号":="左边的＜var＞,在点击数据列表框中的 mark1,可看到表达式变为"mark1:=＜EXP＞;"	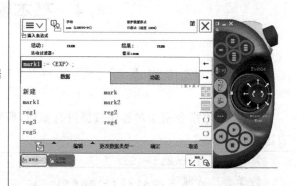
⑤点击赋值符号":="左边的＜EXP＞,再点击"编辑",选择"仅限选定内容"	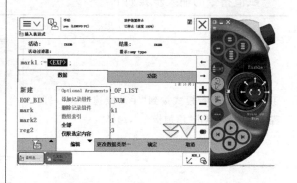

⑥在弹出界面的输入框中输入"5"，点击"确定"	
⑦回到表达式编辑界面点击"确定"，则赋值表达式录入完毕	
⑧在上一步的界面中，再次点击"添加指令"，选择"：＝"，在"插入表达式"界面，"：＝"左边的＜var＞蓝色高亮显示，点击数据列表中的"mark2"，表达式变成"mark2：＝＜EXP＞;"。再点击"＋"，则表达式变为"mark2：＝＜EXP＞＋＜EXP＞;"，然后点击赋值号后的第一个＜EXP＞，在数据列表中点击"mark1"	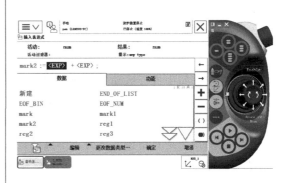
⑨再点击赋值号后的第二个＜EXP＞，然后点击"编辑"，选择"仅限选定内容"，然后在弹出界面输入数字"1"，点击"确定"	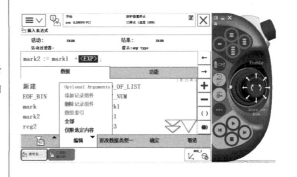

续表

⑩在"添加指令"对话框中点击"下方",即把输入的第二条指令添加在第一条的下方	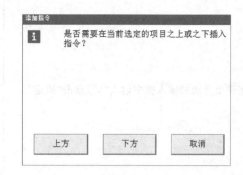
⑪在程序编辑器界面可以看到,第二条赋值指令添加完成	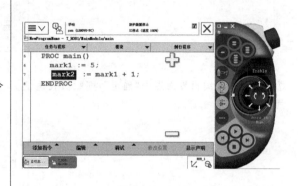

4.4.2　基本运动指令

机器人在空间中进行运动主要有四种方式:关节运动(MoveJ)、线性运动(MoveL)、圆弧运动(MoveC)和绝对位置运动(MoveAbsJ)。

1. 关节运动 MoveJ

关节运动指令是对路径精度要求不高的情况下,机器人的工具中心点 TCP 以最快捷的方式运动至目标点,当前点与目标点之间的路径不一定是直线,即机器人的运动状态不完全可控,但运动路径保持唯一。常用于对路径精度要求不高的情况,或机器人在空间大范围移动。机器人关节运动路径如图 4-8 所示。

图 4-8　关节运动路径

指令格式:MoveJ p2,v100,z10,tPen

指令含义:假设机器人 TCP 当前在 p1 点,通过关节运动以 100 mm/s 的速度将 TCP 送至 p2 点,转弯半径为 10 mm。

参数含义:

参　数	含　义	数 据 类 型	备　注
p2	目标位置	robtarget	
v100	运行速度	speeddate	单位:mm/s,最大可达 50000 mm/s
z10	转弯区尺寸	zonedata	单位:mm
tPen	TCP	tooldata	

注:①在添加或修改机器人的运动指令之前,一定要确认所使用的工具坐标和工件坐标。

　　②关于速度:速度一般最高为 50000 mm/s,在手动限速状态下,所有的运动速度被限速在 250 mm/s。

　　③关于转弯区:z10 中的 10 指 TCP 运动的转弯半径,取值可为整数值(5、10、20、100…)或 fine。fine 指机器人 TCP 达到目标点,在目标点速度降为零,机器人动作有所停顿,然后再向下运动。焊接(喷雾)时必须用。如果是一段路径的最后一个点,一定要为 fine。z10 指机器人 TCP 不达到目标点,转弯区数值越大,机器人的动作路径就越圆滑与流畅。

2. 线性运动 MoveL

线性运动是机器人的 TCP 从起点到终点之间的路径始终保持为直线,一般焊接、涂胶等对路径要求高的场合使用此指令。机器人线性运动路径如图 4-9 所示。

图 4-9　线性运动路径

指令格式:MoveL p2,v100,fine,tPen

指令含义:假设机器人 TCP 当前在 p1 点,通过线性运动以 100 mm/s 的速度将 TCP 送至 p2 点。

参数含义:同 MoveJ 指令中的参数。

举例:

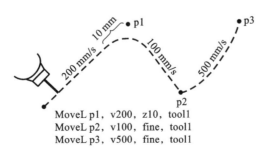

```
MoveL p1, v200, z10, tool1
MoveL p2, v100, fine, tool1
MoveL p3, v500, fine, tool1
```

3. 圆弧运动 MoveC

圆弧运动是机器人通过中间点以圆弧移动方式运动至目标点,当前点、中间点与目标点三点决定一段圆弧,机器人运动状态可控,运动路径保持唯一,常用于机器人在工作状态移动。机器人圆弧运动路径如图 4-10 所示。

指令格式:MoveC CirPoint,ToPoint,v500,z20,tool1。

举例:画一个通过点 p1、p2、p3 和 p4 的圆。

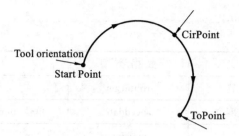

图 4-10　圆弧运动路径

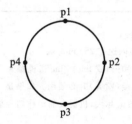

```
MoveL p1,v500,fine,tool1;
MoveC p2,p3,v500,z20,tool1;
MoveC p4,p1,v500,fine,tool1;
```

注：不可能通过一个 MoveC 指令完成一个圆。

4. 绝对位置运动 MoveAbsJ

机器人以单轴运行的方式运动至目标点，绝对不存在奇点，运动状态完全不可控，常用于检查机器人零点位置（避免在正常生产中使用此指令）。指令中的 TCP 与 Wobj 只与运行速度有关，与运动位置无关。

格式：MoveAbsJ p2, v1000, z50, tool1\Wobj:=wobj1;

注：MoveAbsJ 常用于机器人六个轴回到机械零点（0°）的位置。

5. 偏移函数 offs

为了精确定位，可使用函数 offs。

格式：offs(p10,x,y,z)

含义：表示一个离 p10 点 X 轴偏差量为 x,Y 轴偏差量为 y,Z 轴偏差量为 z 的点。

举例：(1) 编程让机器人沿 p1→p2→p3→p4→p1 运动。

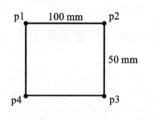

```
MoveL p1,v100,fine,tool1;
MoveL Offs(p1,100,0,0),v100, fine,tool1;
MoveL Offs(p1,100,- 50,0),v100, fine,tool1;
MoveL Offs(p1,0,- 50,0),v100, fine,tool1;
MoveL p1,v100, fine,tool1;
```

(2) 画一个半径为 80 mm 的圆：

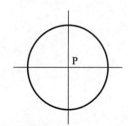

```
MoveJ p0,v500,z1,tool1;
MoveL Offs(p0,80,0,0),v500,z1,tool1;
MoveC Offs(p0,0,80,0),offs(p0,- 80,0,0),v500,
z1,tool1;
MoveC Offs(p0,0,- 80,0),offs(p0,80,0,0),v500,
z1,tool1;
```

4.4.3　输入/输出指令

输入/输出指令是针对机器人的输出信号 DO 和输入信号 DI 进行操作的指令。输入/输出信号一般有两个状态："1"表示接通，"0"表示断开。常用的输入/输出指令有：

（1）Set——数字信号置位指令。

格式：Set Signal；

说明：Signal 为机器人输出信号名称。

应用：将机器人相应的数字输出信号值置为 1，即在相应信号端口输出直流 24V 电压。

举例：

Set do12；　　! 将输出信号 do12 置为 1

（2）Reset——数字信号复位指令。

格式：Reset Signal；

说明：Signal 为机器人输出信号名称。

应用：将机器人相应数字输出信号值置为 0，即在相应信号端口没有直流 24 V 电压输出。

举例：

Reset do12；　　! 将输出信号 do12 置为 0

（3）WaitDI——等待数字输入信号满足相应值。

格式：WaitDI Signal, Value [\MaxTime][\TimeFlag]；

说明：Signal 为数字输入信号；Value 为判断的目标值；[\MaxTime]为最长等待时间 s，数值型；[\TimeFlag]为超时逻辑量，布尔型。

如果只选用参变量[\MaxTime]，机器人等待超过最长时间后，机器人将停止运行并显示相应出错信息或进入机器人错误处理程序（Error Handler）。如果同时选用参变量[\MaxTime]与参变量[\TimeFlag]，等待超过最长时间后，无论是否满足等待的状态，机器人将自动执行下一句指令。如果在最长等待时间内得到相应信号，将逻辑量置为 FALSE，如果超过最长等待时间，将逻辑量置为 TRUE。

示例：

WaitDI di_Ready,1；　　! 机器人等待输入信号，直到信号 di_Ready 值为 1，才执行随后指令。

WaitDI di_Ready,0\MaxTime:= 5；　　! 机器人等待相应输入信号，如果 5 秒内仍没有等到信号 di_Ready 值为 0，机器人报警或进入出错处理程序；如果 5 秒内 di_Ready 值为 0，则程序继续往下执行。

WaitDI di_Ready,1\MaxTime:= 1\TimeFlag:= True；　　! 机器人等待输入信号，如果 1 秒内仍没有等到信号 di_Ready 值为 1，机器人自动执行随后指令，但此时 TimeFlag 值为 TRUE；如果机器人等到信号 di_Ready 值为 1，此时，TimeFlag 值为 FALSE。

（4）WaitDO——等待数字输出信号满足相应值。

格式：WaitDO Signal, Value [\MaxTime][\TimeFlag]；

使用方法同 WaitDI。

4.4.4　程序流程指令

1. IF——条件判断指令

格式：IF 条件 1 THEN ...

　　　　{ELSEIF 条件 2 THEN ...}

　　　　[ELSE ...]

```
    ENDIF
```
示例:
```
    IF reg2= 1 THEN
        routine1;
    ELSEIF reg2= 2 THEN
        routine2;
    ELSEIF reg2= 3 THEN
        routine3;
    ELSEIF reg2= 4 THEN
        routine4;
    ELSE
        Error;
    ENDIF
```

2. WHILE——循环指令

格式:WHILE 条件 DO

```
    ...
    ENDWHILE
```

在给定条件满足的情况下,一直重复执行对应的指令。

示例:
```
    WHILE reg1< reg2 DO
        reg1:= reg1+ 1;
    ENDWHILE
```

如果 reg1 小于 reg2,则 reg1 加 1,直到 reg1 等于 reg2,才停止。

3. FOR——循环指令

格式:FOR 循环变量 FROM 初值 TO 终值[STEP 步长]DO

```
    ...
    ENDFOR
```

通过循环判断循环变量从初值逐渐更改至终值,从而控制程序相应的循环次数,如果不使用参变量[STEP],循环标识每次更改值为 1,如果使用参变量[STEP],循环变量每次更改值为步长。通常情况下,初值、终值与步长为整数,如果使用小数形式,必须为精确值。

示例:
```
    FOR i FROM 1 TO 10 DO
        routine1;
    ENDFOR
```

i 从 1 变化到 10,每次 i 值加 1,因此 routine1 程序共执行 10 次。

4. GOTO——跳转指令

格式:GOTO 标签;

此指令必须与指令 label 同时使用,执行此指令后,机器人将从相应标签位置 Label 处继续运行。

示例:

```
IF reg1> 100 GOTO highvalue;
lowvalue:
  routine1;
highvalue:
  routine2;
...
```

如果 reg1 的值大于 100,则执行 routine2。

5. WaitUntil——等待条件成立指令

格式:WaitUntil　Cond [\MaxTime] [\TimeFlag];

等待满足相应判断条件后,才执行以后指令,此指令比指令 WaitDI 的功能更广,可以替代其所有功能。

示例:

```
WaitUntil di_Ready= 1;
```

机器人等待输入信号,直到信号 di_Ready 值为 1,才执行随后指令。相当于 WaitDI di_Ready,1。

4.4.5　例行程序调用指令——ProcCall

格式:例行程序名〔参数〕;

在指定的位置调用例行程序,同时给带有参数的例行程序中的相应参数赋值。

示例:

```
routine 1;
```

注:①机器人调用带参数的例行程序时,必须包括所有强制性参数。

②例行程序所有参数位置次序必须与例行程序设置一致。

③例行程序所有参数数据类型必须与例行程序设置一致。

4.4.6　时间等待指令——WaitTime

格式:WaitTime 时长;

说明:时长单位为 s(秒),等待指令只是让机器人程序运行停顿相应时间。

示例:

```
WaitTime 4;
Reset do1;              ! 等待 4 s 以后,程序向下执行 Reset do1 指令。
```

ABB 机器人的编程指令详见附录。

4.5　建立一个可运行的 RAPID 程序

在之前的章节中,已大概了解 RAPID 程序编程的相关操作及基本的指令。下面就通过一个实例来体验一下 ABB 机器人的程序编辑。

编制程序的基本流程:

　　①确定需要多少个程序模块。多少个程序模块是由应用的复杂性所决定的，比如可以将位置计算、程序数据、逻辑控制等分配到不同的程序模块，方便管理。

　　②确定各个程序模块中要建立的例行程序，不同的功能就放到不同的程序模块中去，如夹具打开、夹具关闭这样的功能就可以分别建立成例行程序，方便调用与管理。

　　下面建立一个 RAPID 程序，程序模块名为 Module1，Module1 下有两个例行程序 main 和 Routine1；main 为主程序，控制程序流程；Routine1 程序实现机器人沿长方形边沿运动一周。

4.5.1　新建程序模块和例行程序

①在示教器上将动作模式旋钮拨到"手动渐速"模式	
②点击 ABB 菜单，选择"程序编辑器"	
③弹出对话框，提示"不存在程序。是否需要新建程序，或加载现有程序?"选择"取消"	
④进入模块列表界面，单击"文件"，选择"新建模块"，弹出页面后选择"是"	

⑤在新模块界面，单击名称后的按钮"ABC..."，设置模块名称为 Module1，类型不变，仍为 Program，单击"确定"，则建立好一个程序模块，名为 Module1

⑥回到模块列表界面，在模块列表中，选中 Module1，单击"显示模块"

⑦在出现界面中，单击"例行程序"，进行例行程序的创建

⑧点击"文件"，选择"新建例行程序"

⑨在弹出界面中，首先点击按钮"ABC..."，修改例行程序名称为 main，其他设置不变，点击"确定"。用同样的方法建立一个名为 Routine1 的例行程序，用于被主程序或其他例行程序调用

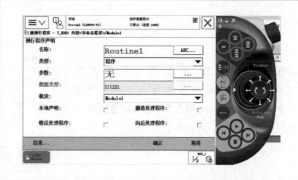

⑩在例行程序列表中，单击"显示例行程序"，在出现界面中，就可进行例行程序的编辑

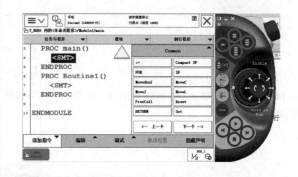

4.5.2　编辑程序

1. 编辑主程序

```
PROC main()
  IF reg1= 0 THEN
    Routine1;
    reg1:= reg1+ 1;
  ELSE
    reg1:= 0;
  ENDIF
ENDPROC
```

①选中需要插入指令的程序位置，单击"添加指令"，在弹出的指令列表中选择条件判断语句"IF"

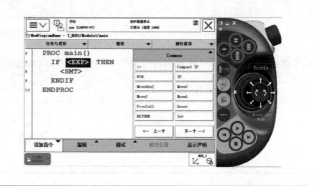

②单击"〈EXP〉"，在"输入表达式"界面中选择"reg1"（如果没有 reg1，则在数据列表中单击"新建"，先建立变量 reg1），再单击"＋"

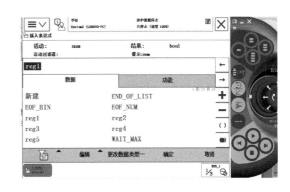

③点击"＋"，在数据列表中选择"＝"

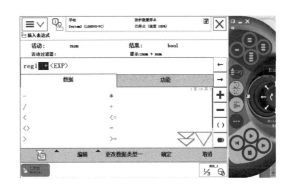

④〈EXP〉被蓝色高亮显示，点击"编辑"，选择"仅限选定内容"

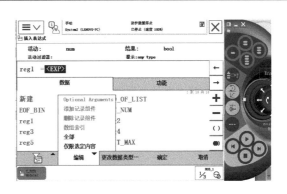

⑤在出现界面输入"0"，点击"确定"两次

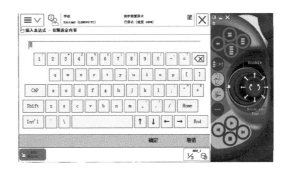

⑥IF 后的条件判断变成"reg＝0",光标移动到〈SMT〉,点击"添加指令",在指令列表中选择"ProcCall"	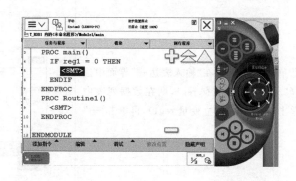
⑦在例行程序列表中,选择"Routine1",然后单击"确定"。条件判断语句编辑完成	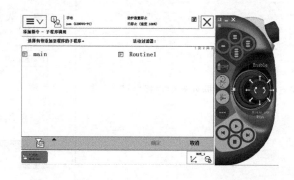
⑧按前面介绍的方法在此指令后面再添加一条赋值语句"reg:＝reg＋1"	
⑨增加 IF 语句的 ELSE 分支。点击条件判断语句块,在弹出界面选择"添加 ELSE",单击"确定"	

⑩点击 ELSE 分支下的〈SMT〉，添加指令"reg1:=0"	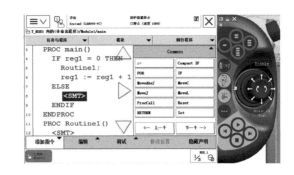
⑪至此，条件判断语句编辑完成，主程序完成	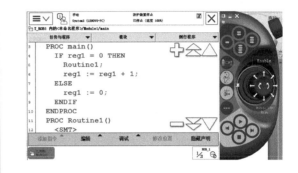

2. Routine1 程序编辑

```
PROC Routine1()
    MoveJ phome,v300,fine,mytool;
    MoveJ p10,v300,fine,mytool;
    MoveL Offs(p10,100,0,0),v300,fine,mytool;
    MoveL Offs(p10,100,200,0),v300,fine,mytool;
    MoveL Offs(p10,0,200,0),v300,fine,mytool;
    MoveL p10,v300,fine,mytool;
    MoveJ phome,v300,fine,mytool;
ENDPROC
```

①点击 Routine1 程序下的〈SMT〉，添加指令"MoveJ"	

②点击 MoveJ 语句,编辑移动指令的参数,点击"ToPoint"	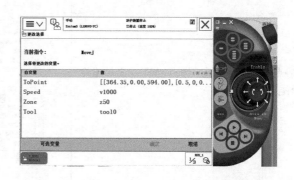
③在"更改选择界面"的数据列表中点击"新建"	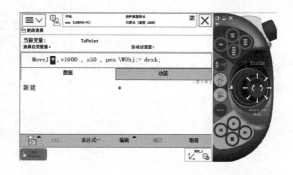
④新建 p10 和 phome 两个 robtarget	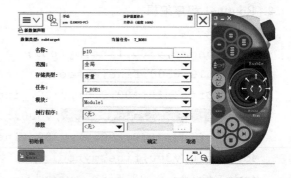
⑤依次修改 ToPoint,Speed,Zone,Tool 为 phome,v300,fine 和 mytool。点击"确定"。用同样的方法输入指令 MoveJ:p10,v300,fine,mytool	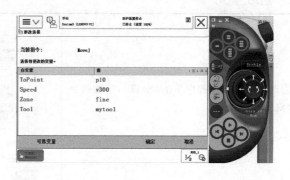

⑥再增加一条 MoveL 语句	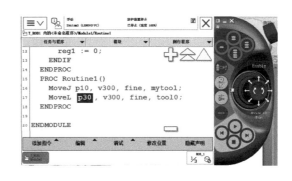
⑦修改 MoveL 语句的各参数。点击 MoveL 语句,进入修改界面,点击"p30",选择"功能",在功能列表中选择"Offs"	
⑧依次修改 Offs 函数的四个参数为 p10,100,0,0,然后单击"确定"	
⑨依次修改 MoveL 语句后面几个参数为 v300,fine 和 mytool。 下面再在后面添加三条 MoveL 语句,让机器人完成沿长方形边沿运动一周的操作	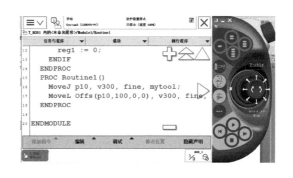

⑩在最后一条语句下方各加入一条 MoveJ 语句,让机器人沿长方形边沿运动之后回到起始位置 phome	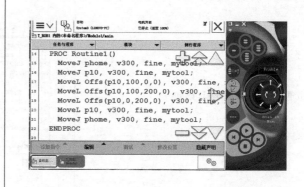

4.5.3　调试程序

在完成了程序的编辑以后,接下来的工作就是对这个程序进行调试,调试的目的有以下两个:

(1)检查程序的位置点是否正确。

(2)检查程序的逻辑控制是否有不完善的地方。

①首先修改 phome 和 p10 的数据信息。在 ABB 菜单选择"程序数据"	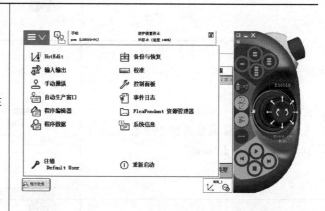
②在程序数据列表双击"robtarget"	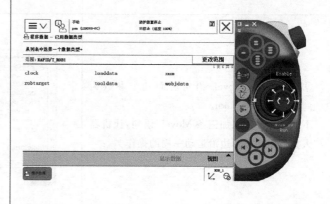

续表

③手动操纵机器人到 p10 位置后，选择"p10"，点击"编辑"，选择"修改位置"。然后用同样的方法修改 phome 的数据

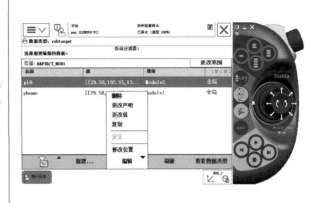

④回到"程序编辑器"界面，点击"调试"，在弹出菜单中选择"PP 移至 Main"，然后查看机器人状态栏中是否有"电机开启"字样，如果无，则按下使能按钮，直至看到"电机开启"字样，点击"▶"按钮，则可看到机器人按编写好的程序连续运行。

注：PP 是程序指针（黄色小箭头）的简称。程序指针永远指向将要执行的指令

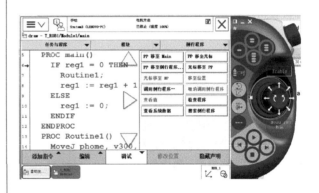

⑤还可以使用示教器上的其他按钮让机器人单步执行程序，或在程序运行中停止机器人的动作。

💡在按下"程序停止"键后，才可以松开使能键

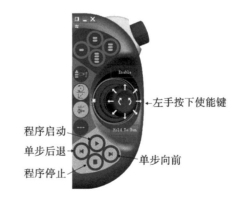

4.5.4　在自动模式下运行程序

在手动模式下完成调试，确认运动和逻辑控制正确后，就可以将机器人系统投入自动运行状态。

①将运行模式选择旋钮转至"自动"

②在弹出界面点击"确定",确认状态的切换

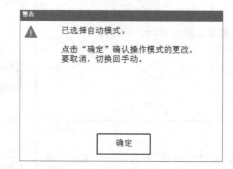

③点击"PP 移至 Main",在弹出界面点击"是",将 PP 指向主程序的第一句指令

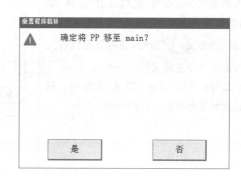

④按下白色按钮,开启电动机。按下"程序启动"按钮

⑤这时可以观察到机器人自动运行起来,而 PP 会随着机器人的动作指向不同的语句

4.5.5　保存模块和程序

①在程序编辑器界面点击"任务与程序",在弹出界面点击"文件",选择"另存程序为..."

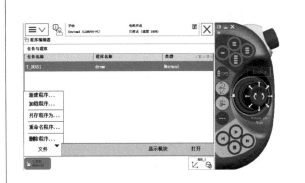

②在弹出界面连续点击"",直至出现硬盘根目录,选择"D:"盘及其下的文件夹"draw",然后给文件取名 draw,点击"确定"。

注:a.保存路径不得出现中文字符;

　　b.保存的文件后缀为 pfg

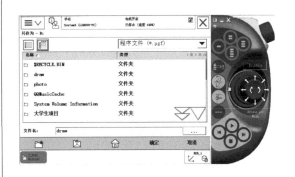

③进入"程序编辑器",单击"模块",在模块列表中选中需要保存的程序模块,点击"文件",选择"另存模块为...",选择合适的文件夹保存模块

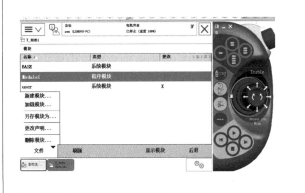

习　　题

1. 简述编辑程序的步骤。

2. 简述调试程序的方法。

3. 程序以什么格式存储,加载程序要选择什么文件进行?

4. 如何区别 MoveJ 与 MoveAbsJ 指令?

5. 简述修改目标点的方法。

6. 编程练习 1——运动指令：

（1）建立程序 Basicmov；

（2）在例行程序 Main 内编写一个画方指令；

（3）在例行程序 Main 内编写画方指令之后，连续编写一个画圆指令。

编程示例：

```
%%%
  VERSION:1
  LANGUAGE:ENGLISH
%%%

MODULE Basicmov
  CONST robotarget pHome:=[[1,1,1],[1,0,0,0],[0,0,0,0],[9E+09,9E+
09,9E+09,9E+09,9E+09,9E+09]];
  CONST robotarget p10:=[[1,1,1],[1,0,0,0],[0,0,0,0],[9E+09,9E+09,
9E+09,9E+09,9E+09,9E+09]];

PROC main()
    MoveJ pHome,v300,z10,Gun;
    ! Square
MoveL p10,v300,z10,Gun;
    MoveL Offs(p10,80,0,0),v300,fine,Gun;
    MoveL Offs(p10,80,100,0),v300,fine,Gun;
    MoveL Offs(p10,0,100,0),v300,fine,Gun;
    MoveL p10,v300,fine,Gun;
    ! Circle
    MoveC Offs(p10,50,50,0),Offs(p10,0,100,0),v300,z5,Gun;
    MoveC Offs(p10,-50,50,0),p10,v300,fine un;
  ENDPROC
ENDMODULE
```

（4）选择合适的 pHome,p10 位置 ModPos 这两个点。

（5）运行程序，观察程序轨迹。

7. 编程练习 2——例行程序：

（1）在完成编程练习 1 的基础上，建立子程序 Square 与 Circle；

（2）将相应指令转移到相应例行程序；

（3）在主子程序中，依次调用子程序；

（4）调试并运行程序，观察程序运行。

编程示例：

```
%%%
  VERSION:1
```

```
LANGUAGE:ENGLISH
%%%


MODULE Basicmov
CONST robotarget pHome:= [[1,1,1],[1,0,0,0],[0,0,0,0],[9E+ 09,9E+
09, 9E+ 09,9E+ 09,9E+ 09,9E+ 09]];
    CONST robotarget p10:= [[1,1,1],[1,0,0,0],[0,0,0,0],[9E+ 09,9E+ 09,
9E+ 09, 9E+ 09,9E+ 09,9E+ 09]];


PROC Square()
MoveL p10,v300,z10,Gun;
    MoveL Offs(p10,80,0,0),v300,fine,Gun;
    MoveL Offs(p10,80,100,0),v300,fine,Gun;
    MoveL Offs(p10,0,100,0),v300,fine,Gun;
    MoveL p10,v300,fine,Gun;
  ENDPROC


PROC Circle()
    MoveL p10,v300,fine,Gun;
    MoveC Offs(p10,50,50,0),Offs(p10,0,100,0),v300,z5,Gun;
    MoveC Offs(p10,- 50,50,0),p10,v300,fine,Gun;
  ENDPROC


PROC main()
    MoveJ pHome,v300,z10,Gun;
    ! Square
    Square;
! Circle
    Circle;
    ENDPROC
ENDMODULE
```

8. 编程练习 3——带参数的例行程序：

（1）在完成编程练习 2 的基础上，将程序中方的长与宽、圆的半径设置为变量；

（2）调试并运行程序，观察程序运行。

编程示例：

```
%%%
  VERSION:1
  LANGUAGE:ENGLISH
%%%
```

```
MODULE Basicmov
CONST robotarget pHome:=[[1,1,1],[1,0,0,0],[0,0,0,0],[9E+09,9E+
09,9E+09,9E+09,9E+09,9E+09]];
CONST robotarget p10:=[[1,1,1],[1,0,0,0],[0,0,0,0],[9E+09,9E+09,
9E+09,9E+09,9E+09,9E+09]];

PROC Square(
num nX
num nY)

MoveL p10,v300,z10,Gun;
    MoveL Offs(p10,nX,0,0),v300,fine,Gun;
    MoveL Offs(p10,nX,nY,0),v300,fine,Gun;
    MoveL Offs(p10,0,nY,0),v300,fine,Gun;
    MoveL p10,v300,fine,Gun;
  ENDPROC

PROC Circle(
VAR num nRadius)

    MoveL p10,v300,fine,Gun;
MoveC Offs(p10,nRadius,nRadius,0),Offs(p10,0,
2*nRadius,0),v300,z5,Gun;
    MoveC Offs(p10,-nRadius,nRadius,0),p10,v300,fine,Gun;
  ENDPROC

PROC main()
    MoveJ pHome,v300,z10,Gun;
    !Square
    Square 80,100;
!Circle
    Circle 50;
    ENDPROC
ENDMODULE
```

9. 编程练习 4——程序流程、交流与计时：

（1）根据用户选择和输入，执行特定的子程序（TPReadFK）；

（2）记录程序执行时间；

（3）在面板上显示程序执行信息。

编程示例：

%%%

```
    VERSION:1
    LANGUAGE:ENGLISH
  %%%
  MODULE Basicmov
  CONST robotarget pHome:= [[1,1,1],[1,0,0,0],[0,0,0,0],[9E+ 09,9E+
09, 9E+ 09, 9E+ 09, 9E+ 09,9E+ 09]];
    CONST robotarget p10:= [[1,1,1],[1,0,0,0],[0,0,0,0],[9E+ 09,9E+ 09,
9E+ 09, 9E+ 09,9E+ 09, 9E+ 09]];
  VAR num nInputKey:= 0;
  VAR num nCycleTime:= 0;
  VAR clock clock2;

  PROC Square(num nX, num nY)
  MoveL p10,v300,z10,Gun;
      MoveL Offs(p10,nX,0,0),v300,fine,Gun;
      MoveL Offs(p10,nX,nY,0),v300,fine,Gun;
      MoveL Offs(p10,0,nY,0),v300,fine,Gun;
      MoveL p10,v300,fine,Gun;
  ENDPROC

  PROC Circle(num nRadius)
      MoveL p10,v300,fine,Gun;
  MoveC Offs(p10, nRadius, nRadius,0),Offs(p10,0,
  2* nRadius,0),v300,z5,Gun;
      MoveC Offs(p10,- nRadius, nRadius,0),p10,v300,fine,Gun;
    ENDPROC

  PROC main()
  MoveJ pHome,v300,z10,Gun;
  ClkReset clock2;
  ClkStart clock2;
  TPReadFK nInputKey,"Square or
  Circle","Square","Circle","","","";
      IF nInputKey= 1 THEN
    ! Square
    Square 80,100;
  ELSEIF nInputKey= 2 THEN
    ! Circle
      Circle 50;
  ELSE
```

```
    Stop;
ENDIF
nCycleTime:= ClkRead(clock2) ;
TPWrite"Cycle Time:  "\Num:= nCycleTime;
    ENDPROC
ENDMODULE
```

第5章 RobotStudio 仿真与离线编程

学习目标：

（1）熟悉 RobotStudio 软件的安装流程。

（2）了解 RobotStudio 软件界面的构成。

（3）能够建立简单的工作站并生成系统。

（4）能够使用虚拟示教器进行示教编程。

RobotStudio 软件是 ABB 公司开发的一款优秀的工业机器人离线编程仿真软件，Robot-Studio 提供的工具可以让设计人员在不干扰生产的情况下通过可视化及可确认的解决方案和布局来降低风险，并通过创建更加精确的路径来获得更高的部件质量，因此它可以有效降低用户购买和实施机器人解决方案的总成本。

在 RobotStudio 中可以实现以下主要功能：①CAD 导入。RobotStudio 可轻易地以各种主要的 CAD 格式导入数据，包括 IGES、VRML、VDAFS、ACIS 和 CATIA。通过使用此类非常精确的 3D 模型数据，机器人程序设计员可以生成更为精确的机器人程序，从而提高产品质量。②自动路径生成。这是 RobotStudio 最节省时间的功能之一。通过使用待加工部件的 CAD 模型，可在短短几分钟内自动生成跟踪曲线所需的机器人位置。如果人工执行此项任务，可能需要数小时或数天。③自动分析伸展能力。此便捷功能可让操作者灵活移动机器人或工件，直至所有位置均可到达。可在短短几分钟内验证和优化工作单元布局。④碰撞检测。在 RobotStudio 中，可以对机器人在运动过程中是否可能与周边设备发生碰撞进行一个验证和确认，以确保机器人离线编程得出程序的可用性。⑤在线作业。使用 RobotStudio 与真实的机器人进行连接通信，对机器人进行便捷的监控、程序修改、参数设定、文件传送及备份恢复的操作，使调试与维护工作更轻松。⑥模拟仿真。根据设计，在 RobotStudio 中进行工业机器人工作站的动作模拟仿真以及周期节拍，为工程的实施提供真实的验证。⑦应用功能包。针对不同的应用推出功能强大的工艺功能包，将机器人更好地与工艺应用进行有效的融合。⑧二次开发。提供功能强大的二次开发平台，使机器人应用实现更多的可能，满足机器人的科研需要。

5.1 RobotStudio 软件安装

5.1.1 计算机配置要求

为确保 RobotStudio 正确安装以及运行，用户计算机配置建议满足表 5-1 中的条件。

表 5-1　RobotStudio 安装要求

硬　　件	要　　求
CPU	i5 或以上
内存	2GB 或以上
硬盘	空闲 20GB 以上
显卡	独立显卡
操作系统	Windows7 或以上

5.1.2　软件版本说明

在第一次正确安装 RobotStudio 后,软件只提供全功能高级版本 30 天的免费试用。30 天以后,如果还未进行授权操作,则只能使用基本版的功能。

基本版:提供基本的 RobotStudio 功能,如配置、编程和运行虚拟控制器,还可以通过以太网对实际控制器进行编程、配置和监控等在线操作。

高级版:提供 RobotStudio 所有离线编程功能和多机器人仿真功能。高级版包含基本版的所有功能。要使用高级版本需进行激活。

5.1.3　下载与安装 Robotstudio

Robotstudio6 的下载地址为 www. robotstudio. com。打开网页后,在出现的页面点击"Downloads",如图 5-1 虚线框所示,即可下载 robotstudio 软件。

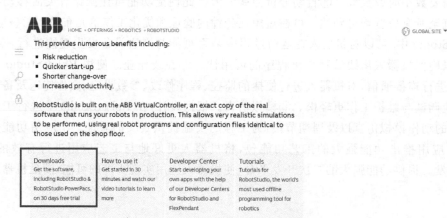

图 5-1　Robotstudio 下载页面

下载完成后解压,在解压文件夹中找到 setup. exe(见图 5-2),双击进行安装。

之后选择语言为中文,后面安装全部单击"下一步",就能成功安装。

注意:①安装时需关闭防火墙;②安装路径中不可以含有中文字符。

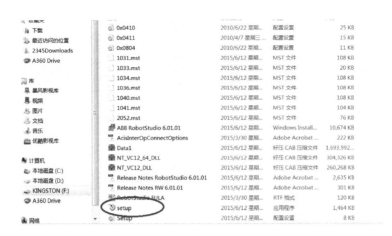

图 5-2　Robotstudio 安装程序

5.2　RobotStudio 简介

5.2.1　软件界面

RobotStudio 软件界面主要包括菜单栏、用户界面、子菜单三个部分，如图 5-3 所示。

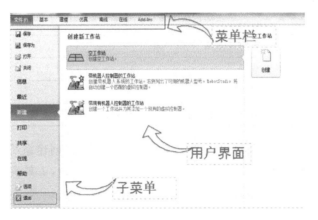

图 5-3　RobotStudio 软件主界面

5.2.2　菜单栏介绍

RobotStudio 软件含有"文件""基本""建模""仿真""控制器""RAPID"和"Add-Ins"七个菜单项。

（1）"文件"选项卡包含用于创建新工作站、创建新机器人系统、连接到控制器、将工作站另保存为查看器的选项，以及 RobotStudio 选项。如图 5-4 所示。表 5-2 列出了在"文件"选项卡下的不同子选项卡中提供的各种选项。

图 5-4　文件选项卡

表 5-2　文件选项卡子选项功能

子　选　项	描　　　　述
保存/另存为	保存工作站
打开	打开已保存的工作站
关闭	关闭工作站
信息	在 RobotStudio 中打开某个工作站后,此选项卡将显示该工作站的属性,以及作为打开的工作站的一部分的机器人系统和库文件
最近	显示最近访问的工作站
新建	创建新工作站
共享	与其他人共享数据
在线	连接到控制器,导入和导出控制器,创建并运行机器人系统

(2)"基本"选项卡(见图 5-5)包含的功能有:构建工作站,创建系统,编辑路径及摆放项目。具体命令包括模型的导入,位置调整,机器人点的示教,工件,工具坐标系的建立等。

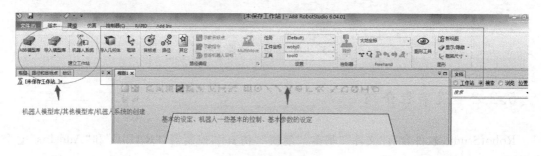

图 5-5　"基本"选项卡

(3)"建模"选项卡(见图 5-6)上的控件可以帮助用户创建及分组组件,创建部件,测量以及进行与 CAD 相关的操作。一般一些简单模型的建立及模型参数的设置通过建模选项卡上的控件实现,而复杂的模型都在第三方软件建立好后导入系统。

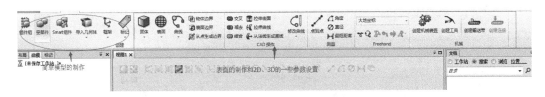

图 5-6　"建模"选项卡

（4）"仿真"选项卡（见图 5-7）上包括创建、配置、控制、监视和记录仿真的相关控件，对系统离线仿真进行设置，用于制作和演示动画。

图 5-7　"仿真"选项卡

（5）"控制器"选项卡（见图 5-8）包含用于管理真实控制器的控制措施，以及用于虚拟控制器的同步、配置和分配给它的任务的控制措施。

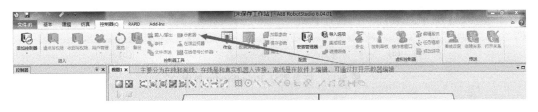

图 5-8　"控制器"选项卡

（6）"RAPID"选项卡（见图 5-9）提供了用于创建、编辑和管理 RAPID 程序的工具和功能。可以管理真实控制器上的在线 RAPID 程序、虚拟控制器上的离线 RAPID 程序或者不隶属于某个系统的单机程序。

图 5-9　"RAPID"选项卡

（7）"Add-Ins"选项卡（见图 5-10）包含软件的二次开发以及一些插件的启动。

刚开始操作 RobotStudio 时，常常会遇到操作窗口被意外关闭的情况，从而无法找到对应的操作对象查看相关的信息。如图 5-11（a）所示样式，可以选择"默认布局"，恢复窗口的布局。

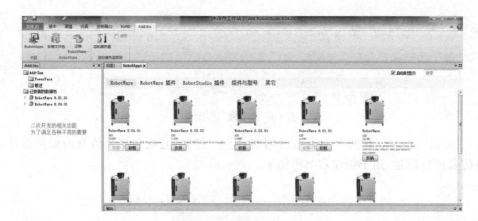

图 5-10　"Add-Ins"选项卡

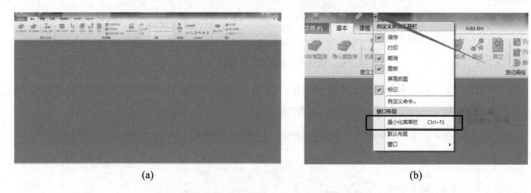

　　　　　(a)　　　　　　　　　　　　　　　　(b)

图 5-11　恢复默认 RobotStudio 界面

5.3　构建基本仿真工业机器人工作站

机器人工作站是指使用一台或多台机器人,配以相应的周边设备和工具,完成某一特定工序作业的独立生产系统,也称为机器人工作单元。一般工业机器人工作站由工业机器人、控制系统、末端执行器、工件等组成。在机器人创建程序之前,应该首先创建机器人工作站,包括机器人、工件和固定装置等设备。本节以实验室机器人工作台为背景,介绍如何搭建机器人工作站。

5.3.1　配置机器人系统

要使仿真机器人能模拟现实进行动作,必须先配置机器人系统,即指定机器人的控制器及其内部板卡。

配置机器人系统有三种方法:①通过示教器备份好系统后,在 RobotStudio 中添加系统;②在 RobotStudio 中从布局建立系统;③用 R. S. O(RobotStudio Online)配置系统。本节介绍第一种方法,操作步骤如下。

（1）在示教器中按照系统备份的方法，备份系统到 U 盘。

（2）将备份系统拷贝至计算机的"库"→文档→RobotStudio→Backups"目录下。

（3）打开 RobotStudio 软件，选择"控制器"菜单下的"安装管理器"（见图 5-12）。

图 5-12

（4）在"安装管理器"界面选择"虚拟"→"新建"→"备份"，然后点击"选择"按钮（见图 5-13）。

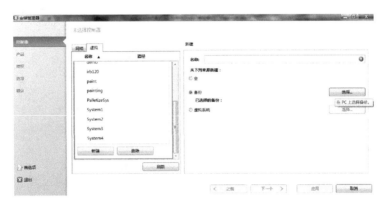

图 5-13

（5）在"选择备份"列表框中选择第 2 步拷贝好的备份文件夹，如果找不到，点击"浏览"按钮，进入资源管理器进行选择，选择好备份文件夹后，单击"确定"（见图 5-14）。

图 5-14

（6）此时，备份选项下出现备份系统信息，在名称后填入系统名称，注意不能用中文字符，然后单击"下一个"（见图 5-15）。

图 5-15

（7）在随后出现的界面中，一直单击"下一个"，直到出现确认界面，点击"应用"（见图 5-16）。

图 5-16

（8）在应用修改对话框中点击"是"。等待系统配置好后，关闭"安装控制器"界面（见图 5-17）。

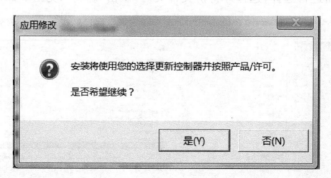

图 5-17

（9）选择"文件"菜单下的"新建"，建立空工作站（见图 5-18）。

（10）选择"基本"工具栏中的"机器人系统"→"已有系统..."（见图 5-19）。

（11）在"添加已有系统"的界面中，单击"添加"，选择系统所在文件夹，在系统列表中选择刚才建立好的系统，然后单击"确定"（见图 5-20）。

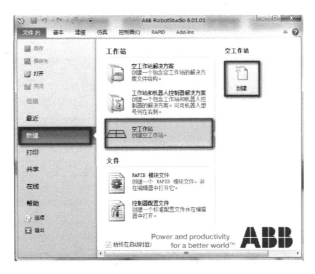

图 5-18

图 5-19

图 5-20

（12）系统开始启动，直至控制器状态变为绿色，说明系统启动完成，可以对机器人进行操作了（见图 5-21）。

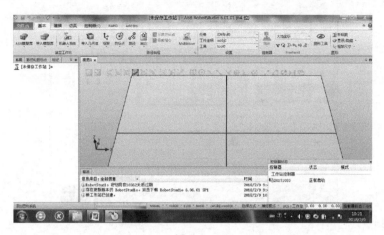

图 5-21

5.3.2 导入工作台

（1）选择"基本"工具栏中的"导入几何体"→"浏览几何体"（见图 5-22）。

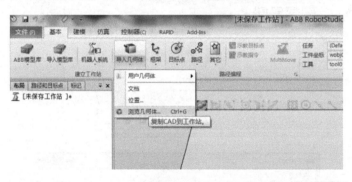

图 5-22

（2）从硬盘中选择已建好的工作台模型——"ABB 座台模型.STEP"，点击"打开"（见图 5-23）。

（3）如果在界面上看不到导入的工作台，在"布局"窗口双击"ABB 座台模型"，即可看到导入工作台。此时，工作台的放置方向和位置不合适，需要调整。在"布局"窗口，将鼠标放置在"ABB 座台模型"上，单击鼠标右键，在弹出菜单中选择"位置"→"旋转"（见图 5-24）。

（4）在屏幕左侧的"旋转：ABB 座台模型"选项中，选择绕 X 轴旋转 90 度，然后单击"应用"。下面还需调整工作台 Z 方向的位置（见图 5-25）。

（5）先测量需要调整的长度。选择"建模"工具栏下的"点到点"测量工具。按住"Ctrl"＋"Shift"和鼠标左键，旋转视图至露出工作台的脚柱的底面；选择辅助捕捉工具"选择表面"和"捕捉中心"两个快捷键，然后将鼠标移动至工作台脚柱的底面，选择底面中心点，这是测量的第一点（见图 5-26）。

图 5-23

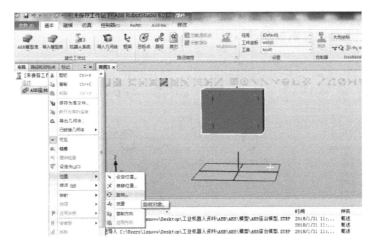

图 5-24

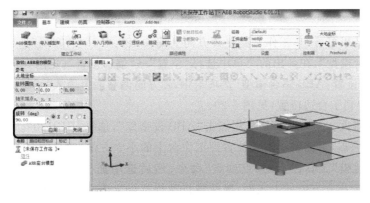

图 5-25

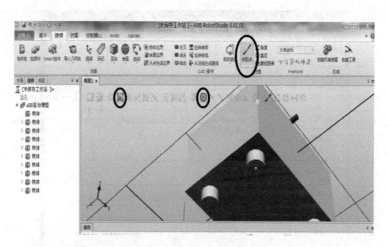

图 5-26

(6) 再次旋转视图,选择"捕捉边缘"工具,捕捉工作台与水平面的相交点,点击鼠标左键,可看到两点在 X、Y、Z 方向的距离(见图 5-27)。

注:滑动鼠标滚轮,可以缩放机器人;

按住键盘上的"Ctrl+鼠标左键",可以拖动视图;

按住"Ctrl+Shift+鼠标左键",可以翻转视图。

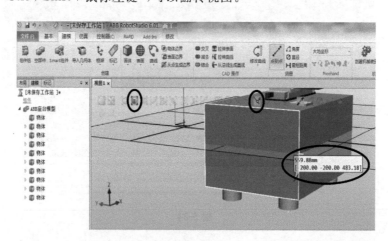

图 5-27

(7) 由测量结果可看出,工作台需在 Z 方向上偏移 482.60。在"布局"选项卡中,用鼠标右键单击"ABB 座台模型",在弹出的菜单中选择"位置"→"偏移位置"(见图 5-28)。

(8) 在"偏移位置:ABB 座台模型"选项卡中,Z 方向偏移栏里填入"482.60",然后单击"应用"。工作台移动到了合适位置(见图 5-29)。

(9) 导入机器人。在"基本"工具栏点击"ABB 模型库",选择"IRB120"。导入的机器人基座中心位于坐标原点,下面将机器人放置到工作台上的小立方体上(见图 5-30)。

(10) 选择"建模"工具栏上的"点到点"命令;然后选中捕捉工具"选择表面"和"捕捉中心",将鼠标放置到小立方体的上表面,鼠标将自动捕捉到上表面的中心点,单击鼠标左键,在屏幕下方的"输出"选项卡上将显示该点的坐标(见图 5-31)。

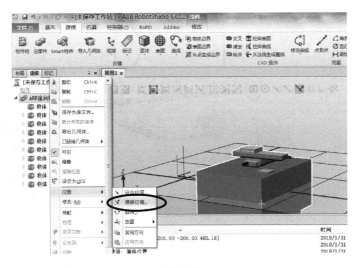

图 5-28

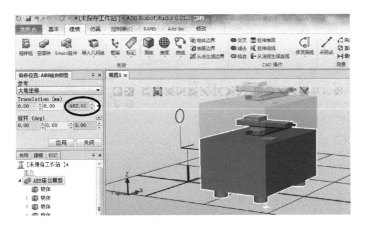

图 5-29

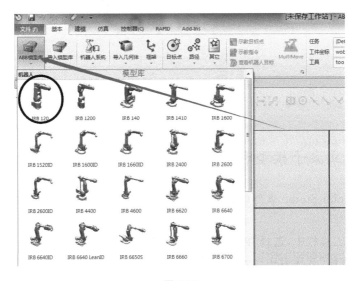

图 5-30

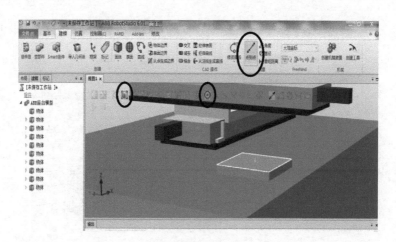

图 5-31

（11）在"布局"选项卡中，用鼠标右键单击"IRB120_3_58_01"，在弹出的菜单中选择"位置"→"设定位置"，在"设定位置：IRB120_3_58_01"选项卡中，输入位置 X、Y、Z(mm)的值，单击"应用"，则可看到机器人位置调整到工作台的小立方体上（见图 5-32）。

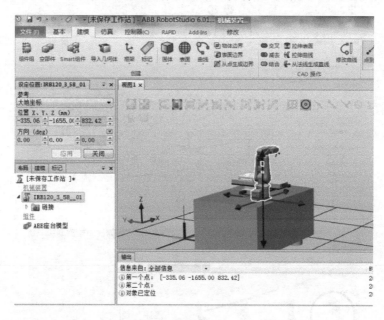

图 5-32

5.3.3　建立桌子模型和工件坐标

下面我们用 RobotStudio 软件建立桌子的模型。

1. 创建桌面

（1）在"建模"工具栏中，选择"固体"→"矩形体"（见图 5-33）。

（2）在"创建方体"选项卡中输入矩形的长、宽、高尺寸，然后点击"创建"，则将桌面建立出来（见图 5-34）。

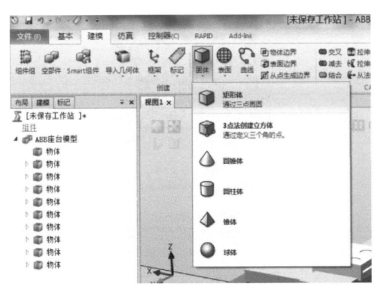

图 5-33

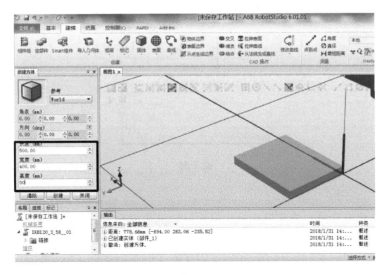

图 5-34

（3）创建的矩形体默认名为"部件_1"。在"布局"选项卡中，用鼠标右键单击"部件_1"，在弹出的菜单中选择"重命名"，为便于识别，将其名字改为"桌面"（见图 5-35）。

2. 放置一条桌腿

（1）用同样的创建矩形体的方法，创建出桌腿，桌腿的长、宽、高分别为 40 mm、30 mm 和 300 mm，将其重命名为"桌腿 1"（见图 5-36）。

（2）在"布局"选项卡中，用鼠标右键单击"桌腿 1"，在弹出菜单中选择"位置"→"放置"→"一个点"（见图 5-37）。

（3）选择捕捉对象辅助工具"选择表面"和"捕捉末端"，在"放置对象：桌腿 1"选项卡中点击"主点—从（mm）"下的第一个输入框，然后将鼠标移至桌腿 1 的侧面捕捉其上端点，再点击"主点—到（mm）"下的第一个输入框，然后将鼠标移至桌面的侧面捕捉其下端点（见图 5-38）。

图 5-35

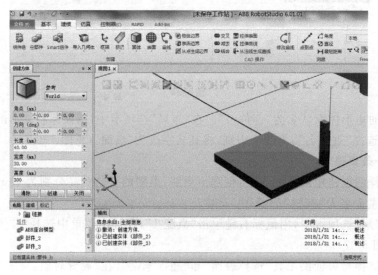

图 5-36

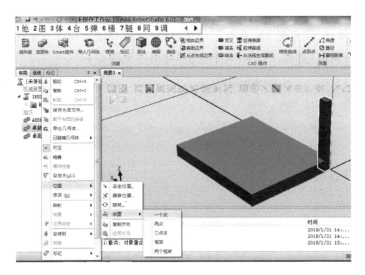

图 5-37

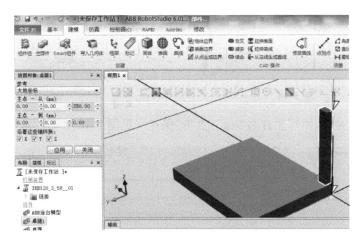

图 5-38

（4）单击"应用"，将创建好的桌腿放置到桌面下方（见图 5-39）。

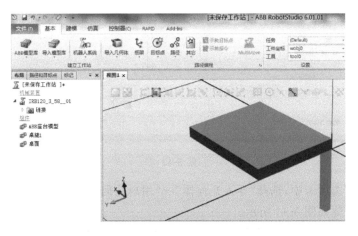

图 5-39

3. 创建另外三条桌腿

（1）用鼠标右键单击"桌腿 1"，在弹出的菜单中选择"导出几何体"（见图 5-40）。

（2）在"导出几何体：桌腿 1"选项卡中点击"导出"（见图 5-41）。

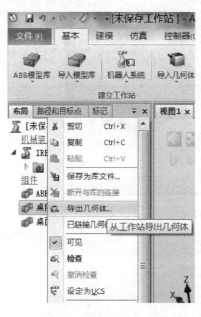

图 5-40

图 5-41

（3）选择文件夹后，填写文件名"leg"，点击"保存"（见图 5-42）。

图 5-42

（4）在"基本"选项卡中，选择"导入几何体"→"用户几何体"→"leg"（见图 5-43）。

（5）导入的桌腿如图 5-44 所示。

（6）用上一步介绍的方法，将桌腿放置到合适位置，并再为桌子安上另外两条腿"leg_2""leg_3"（见图 5-45）。

图 5-43

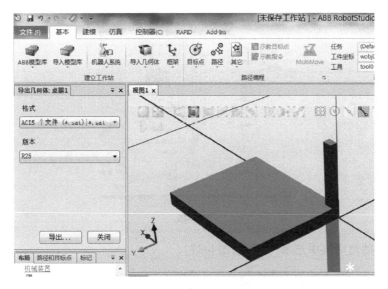

图 5-44

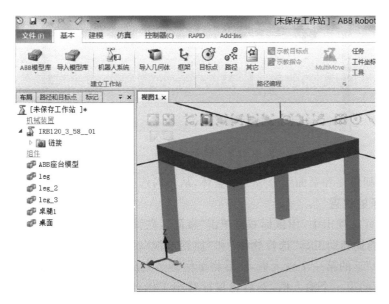

图 5-45

（7）在"布局"选项卡中，依次用鼠标右键单击"leg""leg_2""leg_3""桌腿 1"，在弹出的菜单中选择"安装到"→"桌面"（见图 5-46）。

图 5-46

（8）在弹出的对话框中选择"是"（见图 5-47）。

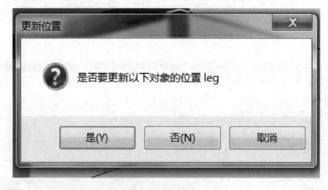

图 5-47

（9）四个桌腿最终和桌面组合成一个整体，从布局选项卡中可以看出（见图 5-48）。

4. 修改桌子的位置

（1）在"布局"选项卡中，用鼠标右键单击"桌面"，在弹出的菜单中选择"位置"→"放置"→"一个点"；点击捕捉辅助工具"选择物体"和"捕捉末端"；在"放置对象：桌面"选项卡中，单击"主点—从（mm）"下的第一个输入框，然后将鼠标移至桌腿，自动捕捉桌腿的角点，再单击"主点—到（mm）"下的第一个输入框，然后将鼠标移至工作台，自动捕捉工作台的角点，点击"应用"（见图 5-49）。

（2）可以看到桌子被移动到工作台上（见图 5-50）。

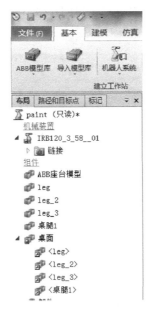

图 5-48

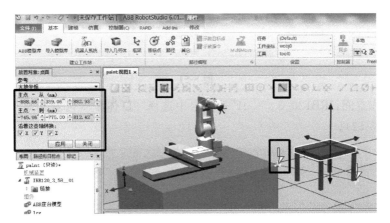

图 5-49

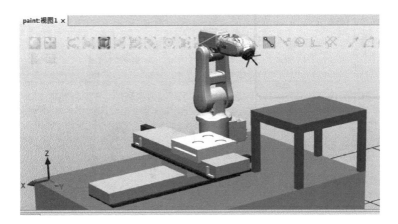

图 5-50

（3）在"布局"选项卡中，用鼠标右键单击"IRB120_3_58_01"，在弹出的菜单中选择"显示机器人工作区域"（见图5-51）。

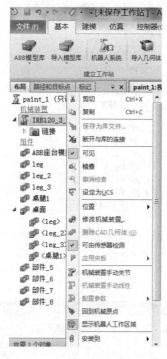

图 5-51

（4）在"工作空间：IRB120_3_58_01"选项卡中选择"3D体积"，可看到桌子不在机器人的工作区域（见图5-52）。

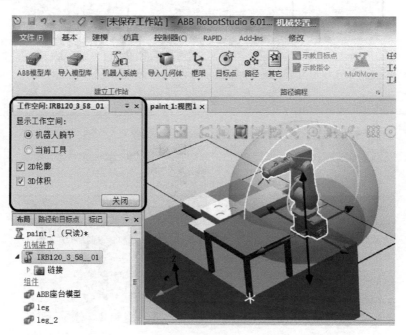

图 5-52

（5）在"基本"工具栏中选择"移动"指令，在"布局"选项卡中单击"桌面"，在桌面上会出现红、绿、蓝三色双向箭头，单击箭头按住鼠标左键拖动桌面到机器人的工作区域（见图 5-53）。

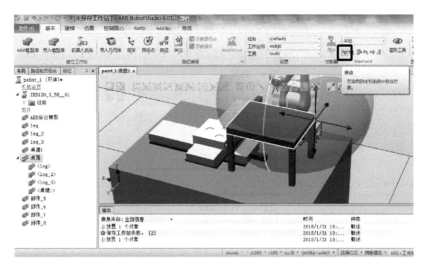

图 5-53

5. 创建工件坐标

桌子放置好了以后，后续将操纵机器人在桌子上绘制图形，故下面以桌子为对象，创建工件坐标。

（1）在"基本"工具栏中选择"其他"，点击"创建工件坐标"（见图 5-54）。

图 5-54

（2）在"创建工件坐标"选项卡中，修改名称为"Wobj_desk"，点击"取点创建框…"后的向下三角箭头▼（见图 5-55）。

（3）在弹出界面选择"三点"，之后如同真实示教器操作一样依次选取 X 轴第一个点，X 轴第二个点，Y 轴上的点，然后点击"accept"；点击"创建"（见图 5-56）。

（4）可看到工件坐标 Wobj_desk 创建成功（见图 5-57）。

图 5-55

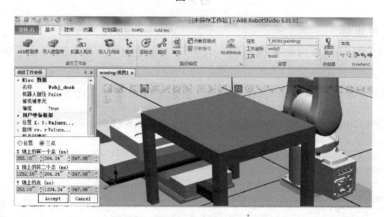

图 5-56

图 5-57

5.3.4　建立铅笔模型

下面我们用 RobotStudio 软件建立铅笔的模型。

1. 创建笔杆和笔头

（1）在"建模"菜单中，选择"固体"→"圆柱体"（见图 5-58）。

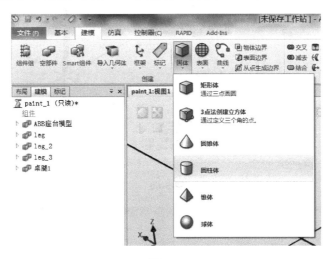

图 5-58

（2）在"创建圆柱体"选项卡中输入圆柱体的半径和长度（见图 5-59）。

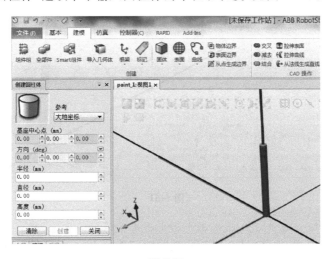

图 5-59

（3）此时创建的圆柱体自动命名为"部件_1"，在"建模"选项卡中，用鼠标右键单击"部件_1"，在弹出的菜单中选择"重命名"，为了便于识别模型，将此模型改名为"笔杆"（见图 5-60）。

（4）在"建模"选项卡中，选择"固体"→"圆锥体"；在"创建圆锥体"选项卡中输入圆锥体的半径和长度，以及基座中心点的坐标（为了让笔头正好落在笔杆上端）。为了便于识别模型，将此模型改名为"笔头"（见图 5-61）。

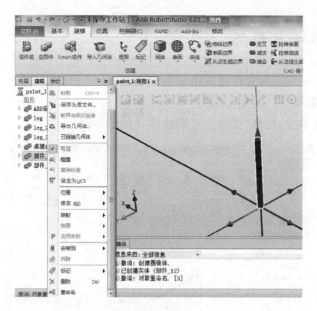

图 5-60

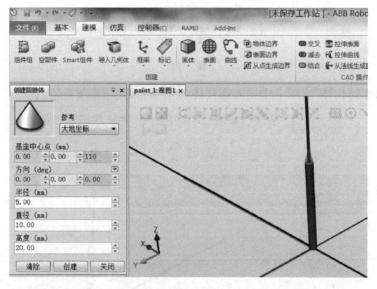

图 5-61

2. 合并笔头笔杆

（1）在"建模"菜单中，选择"结合"指令；在"结合"选项卡中，单击第一个输入框，然后点击"建模"选项卡中"笔头"前面的小箭头，选择"笔头"下的"物体"，再单击第二个输入框，然后点击"建模"选项卡中"笔杆"前面的小箭头，选择"笔杆"下的"物体"，点击"创建"，可看到"建模"选项卡中出现"部件_3"，改其名称为"笔"（见图 5-62）。

（2）为了方便下次重复加载笔，将笔保存为几何体，在"布局"选项卡中，用鼠标右键单击"笔"，在弹出的菜单中选择"导出几何体"（见图 5-63）。

（3）将其保存即可，下次重复加载（见图 5-64）。

3. 创建工具——笔

下面介绍在 RobotStudio 软件中创建工具——笔，并将笔安装至机器人的第六轴。

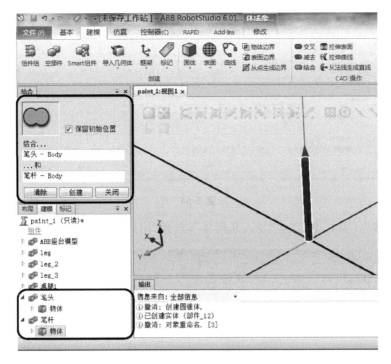

图 5-62

图 5-63

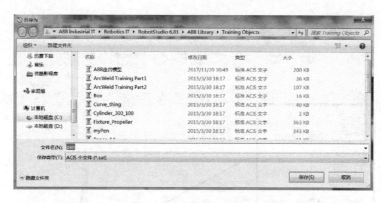

图 5-64

（1）在"建模"工具栏中，点击"导入几何体"，选择"用户几何体"下的"pen"（见图 5-65）。

图 5-65

（2）设定 pen 的本地原点。在"建模"选项卡中，用鼠标右键单击"pen"，在弹出菜单中选择"修改"——"设定本地原点"（见图 5-66）。

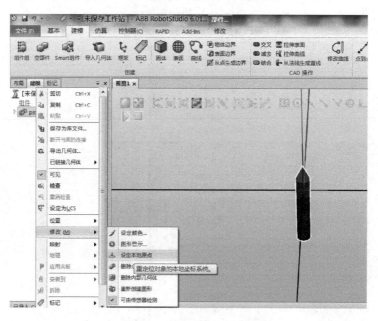

图 5-66

（3）调整视图窗口的视角（Ctrl＋Shift＋鼠标左键），选择捕捉辅助工具"选择表面"和"捕捉中心",然后在"设置本地原点:pen"选项卡中,点击"位置 X、Y、Z(mm)"下的第一个输入框,然后将鼠标移动到笔的底部圆上,可以看到底部圆的圆心被自动捕捉到,点击鼠标左键,这时"位置 X、Y、Z(mm)"下的三个输入框中将显示出圆心坐标,"方向"全部设为 0,即保持现有的方向,然后单击"应用",则工具"pen"的本地坐标系的原点设定完成(见图 5-67)。

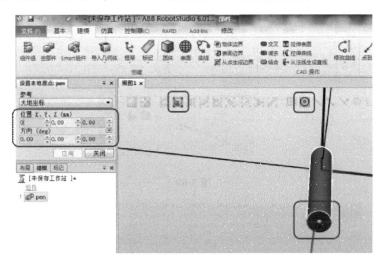

图 5-67

(4) 创建工具坐标系框架。在"建模"工具栏中点击"框架",选择"创建框架"(见图 5-68)。

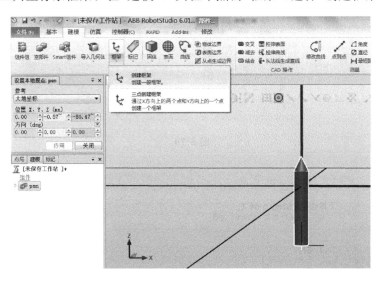

图 5-68

(5) 选择捕捉辅助工具"捕捉末端",然后在"创建框架"选项卡中,点击"框架位置(mm)"下的第一个输入框,然后将鼠标移动到笔的顶端上,可以看到顶端的笔尖被自动捕捉到,点击鼠标左键,这时"框架位置(mm)"下的三个输入框中将显示出笔尖坐标,然后单击"创建",则框架设置完成(见图 5-69)。

(6) 创建工具。在"建模"工具栏中选择"创建工具"(见图 5-70)。

(7) 在"工具信息(Step 1 of 2)"中,修改"Tool 名称"为"pen",选择"使用已有的部件",然后点击"下一个"(见图 5-71)。

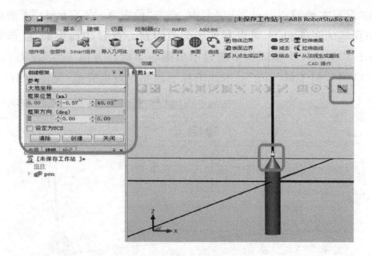

图 5-69

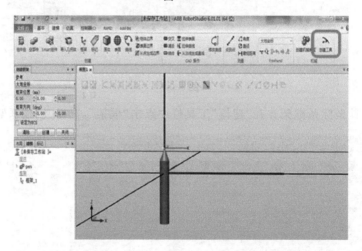

图 5-70

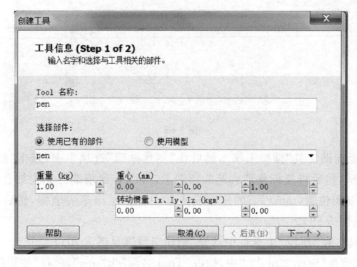

图 5-71

（8）在"TCP 信息（步骤 2 of 2）"中，"TCP 名称"采用默认的"pen"，在"数值来自目标点/框架"的下拉菜单中选择"框架_1"，然后使用导向键"－＞"，将 TCP 添加到右侧窗口。最后点击"完成"（见图 5-72）。

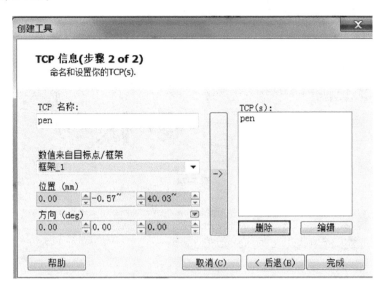

图 5-72

（9）在"布局"选项卡中可以看到"pen"前面的图标变成工具图标，表示工具创建完成。这时可以删除"框架_1"（见图 5-73）。

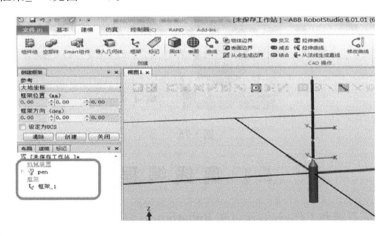

图 5-73

（10）在"布局"选项卡中，点击"pen"，然后按住鼠标左键将其拖动到"IRB120_3_58_01"上，松开鼠标，在弹出的"更改位置"对话框中点击"是"（见图 5-74）。

（11）安装到机器人第六轴上的笔如图 5-75 所示。

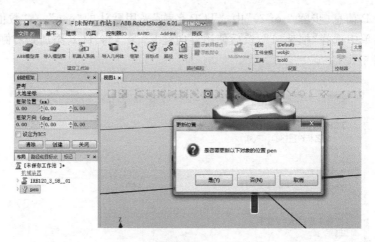

图 5-74

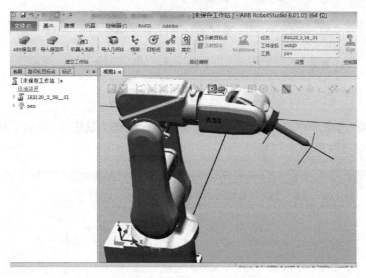

图 5-75

5.4　离线编程

建立好机器人系统和工作站后，就可在 RobotStudio 软件中使用虚拟示教器进行机器人的操作和编程。虚拟示教器以现场编程所用的示教器为模型，使用方法与现场示教器相同。

5.4.1　启用虚拟示教器

（1）打开虚拟示教器。在"控制器"工具栏中单击"示教器"，选择"虚拟示教器"（见图 5-76）。

（2）虚拟示教器打开后，要使用虚拟示教器操纵机器人或编程，必须将机器人变为"手动模式"（见图 5-77）。

图 5-76

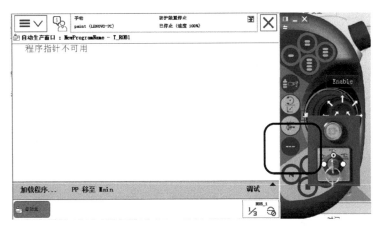

图 5-77

（3）开启电机。在操纵机器人前，要开启电机，点击"Enable"按键（相当于示教器上的使能器按钮），可以在信息栏看到"电机开启"字样。然后就可如操纵真实示教器一样来操纵虚拟示教器了（见图 5-78）。

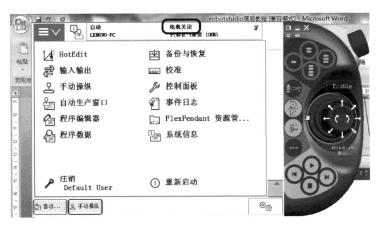

图 5-78

5.4.2 编辑程序

（1）按照操纵真实示教器的步骤，在虚拟示教器上建立模块 Basicmov
和例行程序 main。

（2）回到 Robotstudio 界面，在控制器选项卡中，点击"▷ ▣RAPID"前面的箭头，双击"Basic-
mov"，出现编程界面（见图 5-79）。

图 5-79

（3）在编程界面编辑离线程序。程序编辑完成后点击"应用"，选择"全部应用"（见
图 5-80）。

图 5-80

（4）回到虚拟示教器，再次打开程序编辑器，会发现 Robotstudio 的程序同步到示教器上
面了（见图 5-81）。

（5）下面编辑 phome 点。先移动机器人到指定位置，移动方法如下：在"布局"选项卡中，
用鼠标右键单击"IRB120_3_58_01"，在弹出的菜单中选择"回到机械原点"，然后再选择"机械
装置手动关节"（见图 5-82）。

（6）在"手动关节运动：IRB120_3_58_01"选项卡中，修改第一轴转动 90°，第五轴转动 65°
（见图 5-83）。

（7）打开程序数据，选择 phome 点，点击"编辑"，选择"修改位置"，则 phome 点的位姿信
息被自动获取并保存下来了（见图 5-84）。

用同样的方法修改 p10 的信息。

（8）程序输入完毕，点击"调试"，选择"PP 移至 Main"，可以看到程序左边指针移到程序
第一行，然后点击运行键，观察机器人的移动是否和程序一致（见图 5-85）。

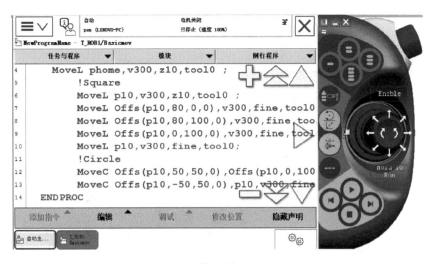

图 5-81

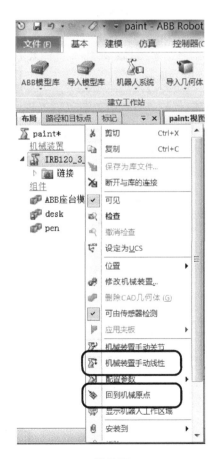

图 5-82

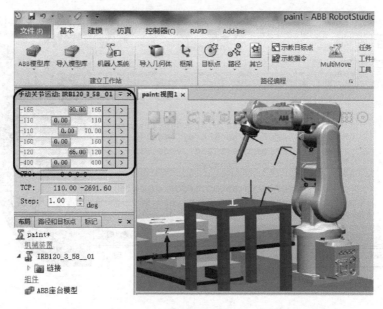

图 5-83

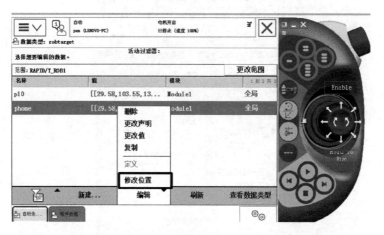

图 5-84

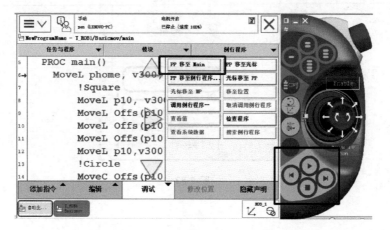

图 5-85

5.4.3 保存程序

程序运行无误后,就可将程序保存至 U 盘以便拷贝至机器人控制器进行实际调试。保存步骤可以和在真实示教器上的操作一样,通过虚拟示教器保存文件,或者通过 RobotStudio 的 RAPID 菜单保存,即在 Robotstudio 界面,点击"RAPID"工具栏里的"程序",选择"保存程序为..."将程序保存到指定目录下,如图 5-86 所示。

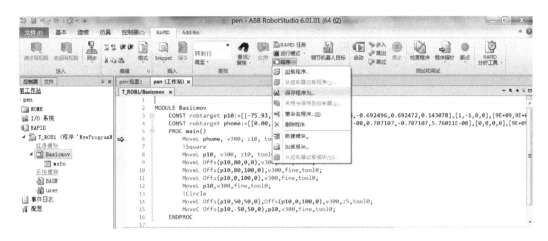

图 5-86 保存程序

5.5 构建搬运工作站

5.5.1 用 SMART 组件创建动态搬运工具

在机器人工作站中,要表现出动态工作流程,可创建受信号与属性控制的动作组件,这些组件就称为 SMART 组件。下面介绍动态搬运工具——真空吸盘的创建过程。

1. 建立工具——吸盘

(1) 在 RobotStudio 中新建一空工作站。

(2) 导入真空吸盘。在"建模"工具栏中点击"导入几何体",选择"浏览几何体";然后在文件列表中选择"吸盘.step",即可导入真空吸盘模型(见图 5-87)。

(3) 设定吸盘的本地原点。在"布局"选项卡中,用鼠标右键点击"吸盘",在弹出的菜单中,选择"修改"→"设定本地原点"(见图 5-88)。

(4) 先调整视图视角,使能看到吸盘的顶部圆;然后点击辅助捕捉工具"选择表面"和"捕捉中心",然后在"设置本地原点:吸盘"的选项卡中,点击"位置 X、Y、Z(mm)"下的输入框,待鼠标光标变成十字形,让鼠标靠近吸盘的顶部圆周,其圆心将被自动捕获,单击鼠标左键,可看

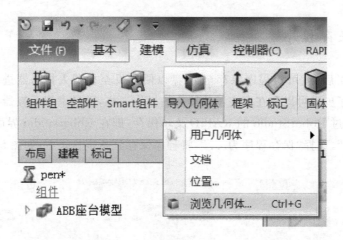

图 5-87

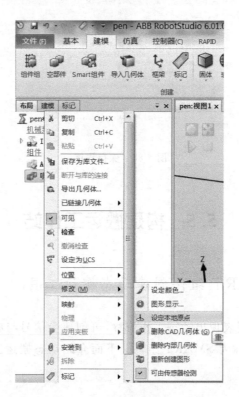

图 5-88

到"位置 X、Y、Z(mm)"下的输入框中出现吸盘顶部圆心的坐标值;点击"应用"(见图 5-89)。

（5）调整吸盘的位置:在"布局"选项卡下,用鼠标右键点击"吸盘",在弹出菜单中选择"位置"→"设定位置"(见图 5-90)。

（6）在"设定位置:吸盘"选项卡中的"位置 X、Y、Z(mm)"三个输入框中都输入 0,然后点击"应用",即将吸盘移动到大地坐标系的原点处(见图 5-91)。

（7）旋转吸盘,改变其方向。在"布局"选项卡中,用鼠标右键点击"吸盘",在弹出菜单中选择"位置"→"旋转";在"旋转:吸盘"选项卡中,设置旋转角度为"−90.00",点击"应用",可看到吸盘的方向变为吸嘴朝上(见图 5-92)。

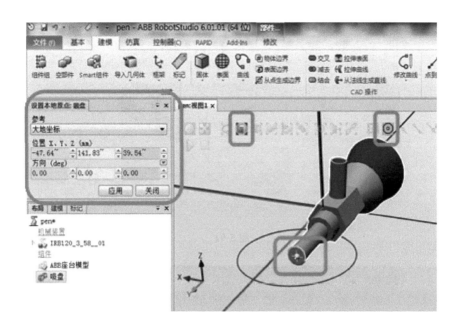

图 5-89

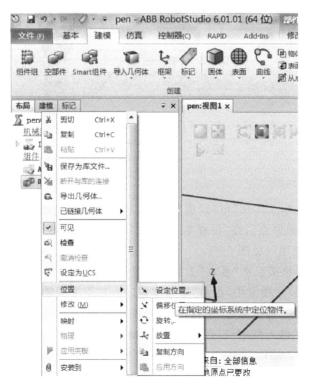

图 5-90

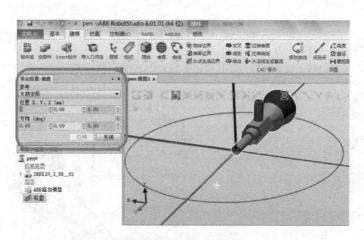

图 5-91

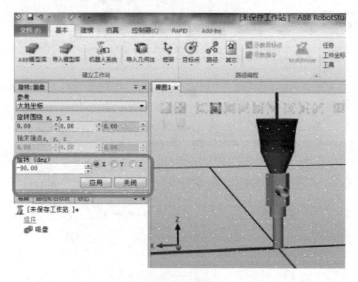

图 5-92

（8）再次设置本地原点。在"布局"选项卡中，用鼠标右键点击"吸盘"，在弹出的菜单中，选择"修改"→"设定本地原点"；在"设置本地原点：吸盘"选项卡中，将"方向"下的三个输入框都输入"0.00"；点击"应用"（见图 5-93）。

（9）下面创建工具框架。在"基本"工具栏中点击"框架"，选择"创建框架"（见图 5-94）。

（10）在"创建框架"选项卡中，点击"框架位置（mm）"下方的输入框；在鼠标光标变成十字形后，利用"选择表面"和"捕捉圆心"工具，捕捉吸嘴的中心，单击鼠标左键；吸嘴圆心的坐标会显示在框架位置下方的输入框中，再点击"创建"，则可看到"布局"选项卡中出现"框架_1"，表明框架创建成功（见图 5-95）。

（11）下面创建工具。在"建模"工具栏中点击"创建工具"（见图 5-96）。

（12）在"创建工具"界面，修改"Tool 名称"为"sucker"，在"选择部件"中选择"使用已有部件"，"数值来自目标点/框架"中选择刚建立的"框架_1"，然后用右导向键将其导入"TCP"列表框中，然后单击"完成"（见图 5-97）。

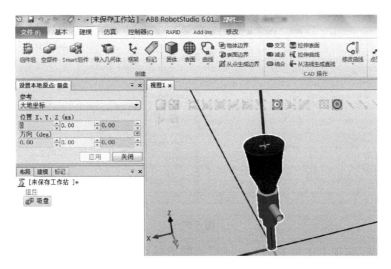

图 5-93

图 5-94

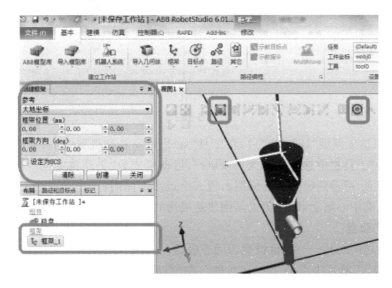

图 5-95

图 5-96

图 5-97

（13）在"布局"选项卡中可看到"sucker"前的图标变成工具图标，说明工具创建成功（见图 5-98）。刚才创建的框架就可删除了。

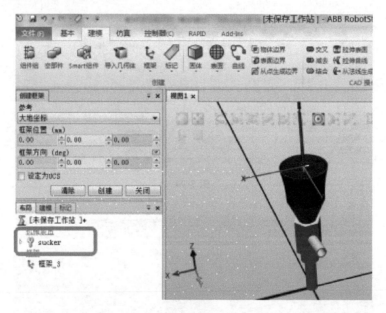

图 5-98

（14）导入机器人模型"IRB120"后，将工具"sucker"安装到机器人上；从布局创建机器人系统后，在"基本"工具栏中选择工具为"sucker"，运动模式为"手动重定位"，然后点击"布局"选项卡中的机器人，可看到吸盘工具周围出现三个运动方向图标，拖动三个图标，若看到机器人围绕吸盘的吸嘴中心运动，则证明工具创建是成功的（见图 5-99）。

2. 设定动态吸盘

下面要将创建的工具——吸盘设置为动态吸盘。

（1）在"建模"工具栏中点击"Smart 组件"，在"布局"选项卡中可看到出现了新的组件，将其名称改为"SC_sucker"（见图 5-100）。

（2）将工具吸盘从机器人上拆除。在"布局"选项卡中，用鼠标右键单击"sucker"，在弹出菜单中选择"拆除"，然后在出现的"更新位置"对话框中选择"否"（见图 5-101）。

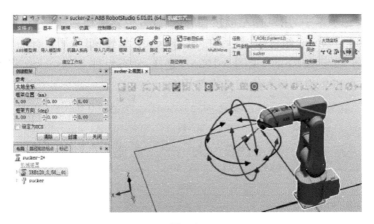

图 5-99

图 5-100

图 5-101

（3）在"布局"选项卡中，用鼠标左键按住"sucker"，将其拖动到"SC_sucker"上面后松开，则将 sucker 添加到了 Smart 组件中；然后在"SC_sucker"编辑窗口，用鼠标右键单击"sucker"，在弹出菜单中勾选"设定为 Role"（见图 5-102）。这样，动态组件 SC_sucker 将继承工具 sucker 的工具坐标系，可以作为机器人的工具来使用。

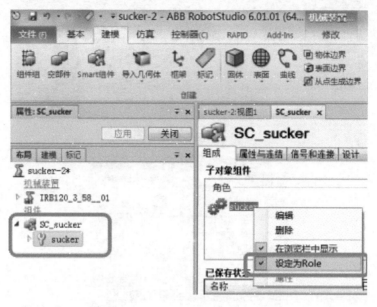

图 5-102

（4）在"布局"选项卡中，用鼠标左键按住"SC_sucker"，将其拖动到"IRB120_3_58_01"上面后松开，将 Smart 工具安装到机器人的末端；在随后出现的"更新位置"提示框中选择"否"，在"Tooldata 已存在"提示框中选择"是"（见图 5-103）。

图 5-103

3. 设定检测传感器

下面为 Smart 组件创建一个虚拟传感器,用以检测物体并触发 Smart 组件动作,即当传感器检测到物体后,Smart 组件才会做出拾取物体的动作。

(1) 首先将吸嘴的方向改为垂直向下。方法为:在"布局"选项卡中,用鼠标右键单击"IRB120_3_58_01",在弹出菜单中选择"机械装置手动关节";然后在"手动关节运动:IRB120_3_58_01"选项卡中调整机器人的第 5 轴角度为"90"(见图 5-104)。

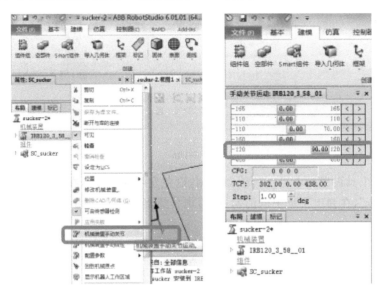

图 5-104

(2) 在"SC_sucker"编辑窗口,点击"添加组件",选择"传感器"→"LineSensor"(见图 5-105)。

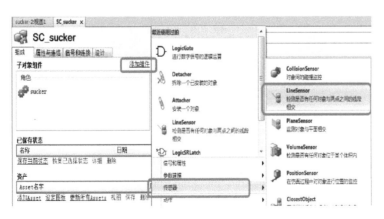

图 5-105

(3) 设置线性传感器属性:在"布局"选项卡中,用鼠标右键单击"LineSensor",在弹出的菜单中选择"属性";在"属性:LineSensor"选项卡中,点击"Start(mm)"下的输入框,鼠标光标变成十字形后,用辅助捕捉工具捕捉吸嘴的中心点;然后复制起点的坐标值至"End(mm)"下的输入框,如果要让传感器准确检测到物体,必须保证在接触时传感器一部分在物体内部,一部分在物体外部,因此这里需将传感器起点的 Z 值加大一些,终点的 Z 值减小一些;"Radius"

用于设置传感器半径，设置为 3 mm，以便于观察；再将"Active"设置为 0，暂时关闭传感器检测；最后单击"应用"。可看到在吸嘴处生成了传感器（见图 5-106）。

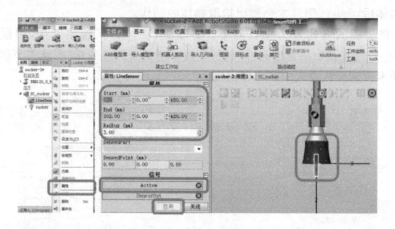

图 5-106

（4）将吸嘴工具设置为不可由传感器检测，以免发生误动作。在"布局"选项卡中，用鼠标右键单击"sucker"，在弹出菜单中取消勾选"可由传感器检测"（见图 5-107）。

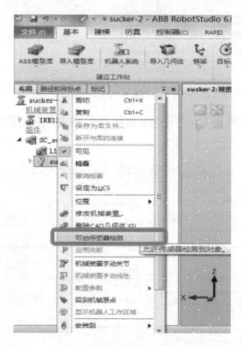

图 5-107

4. 设定拾取放置动作

在搬运工作站中，机器人使用吸盘拾取物体后，搬运到目的地，再将物体放置下来。因此，吸盘有拾取（Attacher）和放置（Detacher）物体的动作。当 LineSensor 信号为 1 时触发 Attacher 动作，LineSensor 信号为 0 时触发 Detacher 动作，但由于 Detacher 动作也是高电平触发，因此我们还将设置一个逻辑非门（LogicGate）组件，当 LineSensor 信号为 0 时，逻辑非门输出为 1，从而触发 Detacher 动作。

（1）在"SC_sucker"编辑窗口中，点击"添加组件"，然后在弹出菜单中选择"动作"→"At-tacher"（见图 5-108）。

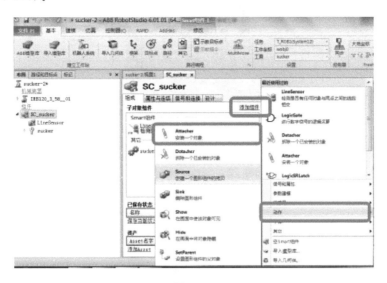

图 5-108

（2）设置 Attacher 的属性：在"布局"选项卡中，用鼠标右键单击"Attacher"，在弹出菜单中选择"属性"；在"属性：Attacher"选项卡中设置"Parent"为"SC_sucker"（见图 5-109）。

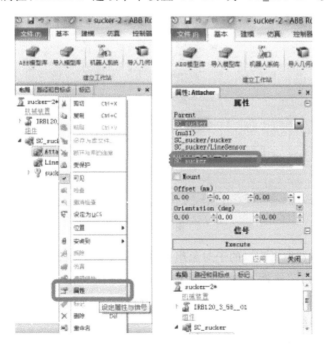

图 5-109

（3）用同样的方法，添加"Detacher"组件，并在其属性选项卡中勾选上"KeepPosition"，以使释放物体后，物体保持在释放位置（见图 5-110）。

（4）在"SC_sucker"编辑窗口，点击"添加组件"，在弹出菜单中选择"信号和属性"→"Log-icGate"（见图 5-111）。

图 5-110

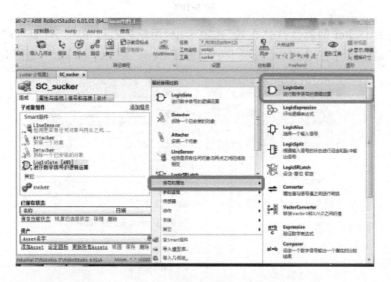

图 5-111

（5）在"SC_sucker"编辑窗口的子对象组件列表框中，用鼠标右键单击"LogicGate"，在弹出菜单中选择"属性"；在"属性：LogicGate"选项卡中，选择"Opetator"为"NOT"，即当输入信号为 0 时，逻辑门输出 1；然后单击"关闭"（见图 5-112）。

5. 创建属性与连结

下面建立 LineSensor、Attacher、Detacher 几个子对象组件之间的连结。即当吸盘工具运动到拾取位置后，吸嘴上的线传感器检测到待拾取物体，则吸盘拾取该物体，并将其运送到释放位置，然后该物体作为释放的对象，被吸盘放下。

（1）在"SC_sucker"编辑窗口，点击"属性与连结"，再单击"添加连结"，在"添加连结"窗口，设置源对象为"LineSensor"，源属性为"SensedPart"（与 LineSensor 相交的部件），目标对象为"Attacher"，目标属性为"Child"（要安装的对象）（见图 5-113）。此连结的意思是将线传

图 5-112

图 5-113

感器检测到的物体作为拾取的对象。然后点击"确定"。

（2）再次添加连结，此次的源对象为"Attacher"，源属性为"Child"，目标对象为"Detacher"，目标属性为"Child"。此连结的意思是将拾取的对象作为释放的对象。然后点击"确定"（见图 5-114）。

6. 创建信号与连接

吸盘动作将由外部输入信号触发，这里建立一个外部 I/O 信号 disucker，则搬运系统存在如下动作过程：当 disucker 置 1 后，激活线传感器；线传感器检测到物体送出输出信号后吸盘

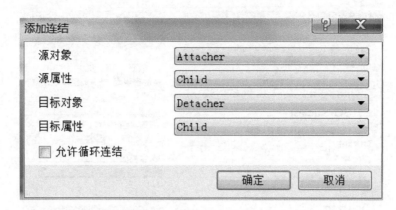

图 5-114

的拾取动作开始执行;当输入信号 disucker 置 0 后,通过非门,激活吸盘的释放动作。下面建立信号之间的连接。

(1) 在"SC_sucker"编辑窗口,点击"信号和连接",再单击"添加 I/O Singals";在"添加 I/O Singals"界面选择信号类型为"DigitalInput","信号名称"为"disucker",然后点击"确定"(见图 5-115)。

图 5-115

(2) 点击"添加 I/O Connection",在"添加 I/O Connection"窗口,选择源对象为"SC_sucker",源信号为"disucker",目标对象为"LineSensor",目标对象为"Active",然后点击"确定"(见图 5-116)。

(3) 再建立三个 I/O 连接,如图 5-117 所示。

7. 动态吸盘的模拟运行

下面导入工作台,创建被搬运物体,检查动态吸盘的动作是否创建成功。

(1) 按第 5.3.2 小节的介绍,导入工作台,将机器人放置到工作台指定位置(见图 5-118)。

(2) 在"建模"工具栏中点击"固体",选择"圆柱体";在"创建圆柱体"选项卡中点击"基座中心点"下的输入框,然后捕捉工作台上的一个圆心;再输入圆柱体的半径和高度,点击"创建",则被搬运物体创建好了(见图 5-119)。

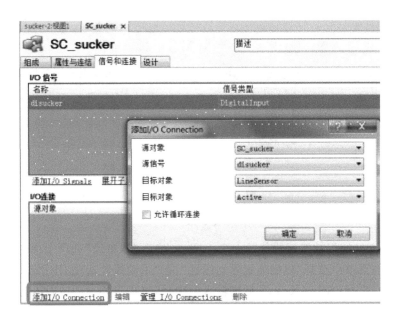

图 5-116

源对象	源信号	目标对象	目标对象
SC_sucker	disucker	LineSensor	Active
LineSensor	SensorOut	Attacher	Execute
SC_sucker	disucker	LogicGate [NOT]	InputA
LogicGate [NOT]	Output	Detacher	Execute

图 5-117

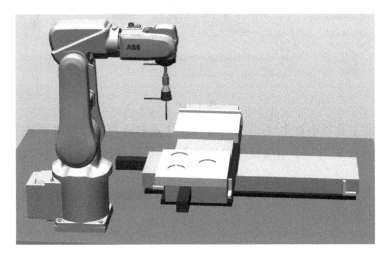

图 5-118

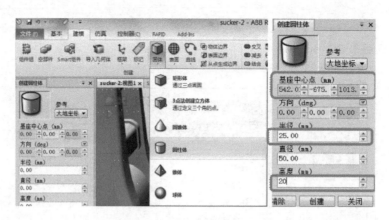

图 5-119

（3）用捕捉工具捕捉被搬运物体的上表面圆心；然后在"布局"选项卡中右击"IRB120_3_58_01"，在弹出的菜单中选择"机械装置手动线性"；在"手动线性运动：IRB120_3_58_01"选项卡，将上表面圆心坐标值输入 X、Y、Z 后的输入框中，即将吸盘移动到被搬运物体的上方（见图 5-120）。

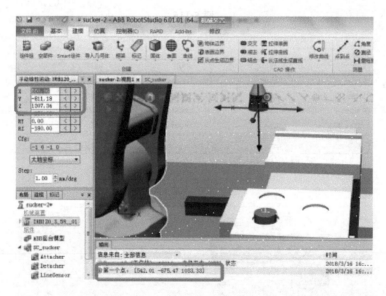

图 5-120

（4）在"仿真"工具栏中点击"I/O 仿真器"；在仿真器选项卡中选择系统为"SC_sucker"，将输入信号 disucker 置"1"；手动线性移动机器人，可看到被搬运物体随机器人一起移动（见图 5-121）。

（5）将机器人移动到释放点，将 disucker 信号置 0，移动机器人，可以看到被搬运的物体被留在释放点了（见图 5-122）。

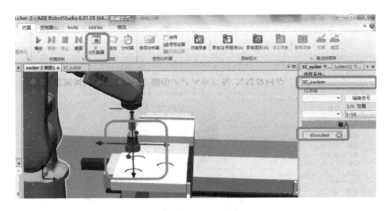

图 5-121

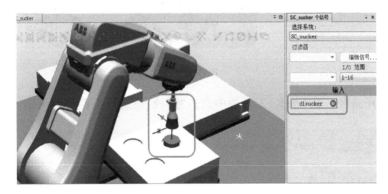

图 5-122

5.5.2　创建搬运程序

在创建程序过程中，需要建立工件坐标系、创建机器人路径，进行 I/O 信号设置。

（1）创建工件坐标。在"基本"工具栏中点击"其它"，选择"创建工件坐标"（见图 5-123）。

图 5-123

（2）按照前述介绍的创建工件坐标的方法，选取工作台的三个顶点，以三点法建立工件坐标 Wobj1（见图 5-124）。

图 5-124

（3）创建工作路径。在"基本"工具栏中点击"路径"，选择"空路径"（见图 5-125）。

图 5-125

（4）手动将机器人移动到要搬运的工件上方；修改指令格式为"MoveJ ＊ v200 fine sucker \Wobj：＝Wobj1"；点击"基本"工具栏中的"示教指令"；在"路径和目标点"选项卡中可以看到"Path_10"路径下添加了一条指令（见图 5-126）。

（5）修改指令格式为"MoveL ＊ v200 fine sucker \Wobj：＝Wobj1"；依次将机器人移动到目标点②～⑥（即让机器人将物体从当前位置搬运到右下角的圆内），每移动一次，单击一次"示教指令"；可看到在路径"Path_10"下增加了 5 条指令（见图 5-127）。

（6）检查路径是否可行。在"路径和目标点"选项卡中，用鼠标右键单击"Path_10"，在弹出的菜单中选择"到达能力"；在"到达能力：Path_10"选项卡中观察指令后面是否有"√"，有则表示机器人能够到达（见图 5-128）。

（7）当前路径中还需要在第 2 条和第 5 条指令后添加 I/O 信号，以触发吸盘的拾取和释放动作。首先选中第 2 条指令；再在"控制器"工具栏中点击"配置编辑器"，选择"I/O System"（见图 5-129）。

（8）在"配置：I/O System"窗口，用鼠标右键单击"Signal"，在弹出菜单中选择"新建 Signal"；在弹出的"实例编辑器"窗口中，输入 I/O 信号的名称为"dosucker"，信号类型为"Digital Output"；然后点击"确定"（见图 5-130）。

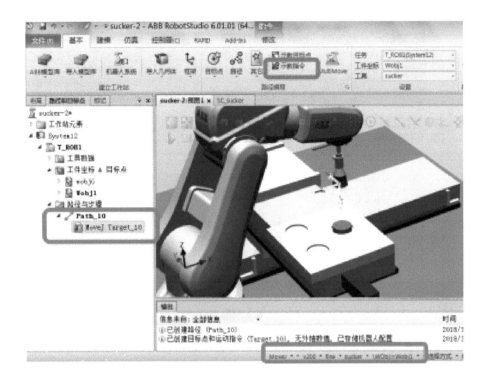

图 5-126

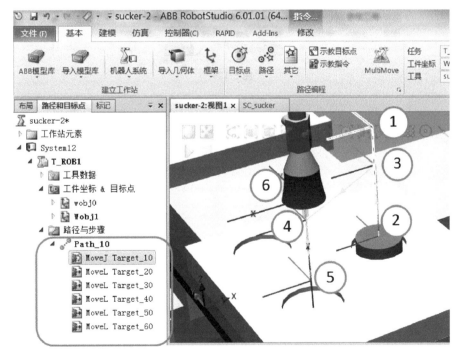

图 5-127

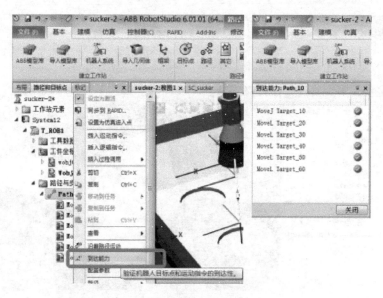

图 5-128

图 5-129

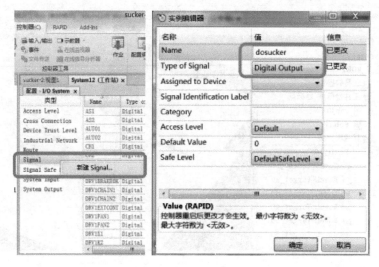

图 5-130

（9）要控制器重启后，上一步的设置才能生效。在弹出的对话框中点击"确定"（见图 5-131）；然后在"控制器"工具栏中点击"重启"，选择"重启动（热启动）"，如图 5-132 所示。

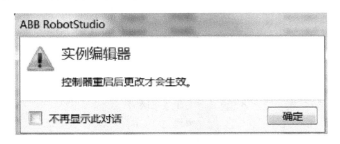

图 5-131

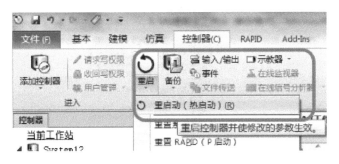

图 5-132

（10）在"路径和目标点"选项卡中，用鼠标右键单击 Path_10 下的第 2 条指令，在弹出菜单中选择"出入逻辑指令"；在"创建逻辑指令"选项卡中选择指令模板为"SetDO Default"，指令参数中的 Signal 为"dosucker"，Value 为"0"；然后点击"创建"（见图 5-133）。

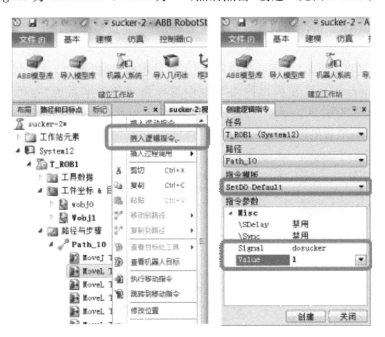

图 5-133

（11）用同样的方法在第 5 条指令后添加"SetDO dosucker 0"（见图 5-134）。

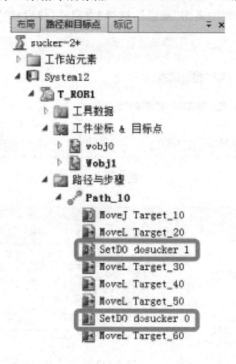

图 5-134

5.5.3　工作站逻辑设定

下面设定 SMART 组件和机器人端的信号通信，以完成整个工作中的仿真动画。

在"仿真"工具栏中点击"工作站逻辑"；在"工作站逻辑"编辑窗口，选择"信号和连接"，点击"添加 I/O Connection"；在弹出的对话框中选择源对象为本系统"system8"，源信号为"dosucker"，目标对象为"SC_sucker"，目标对象为"disucker"。从而将机器人和 SMART 组件间的连接建立起来；最后单击"确定"（见图 5-135）。

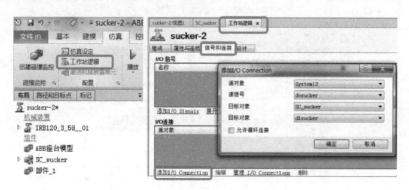

图 5-135

5.5.4　仿真与调试

（1）在"基本"工具栏中点击"同步"，选择"同步到 RAPID"；在弹出的对话框中将所有同步内容都选中，然后单击"确定"（见图 5-136）。

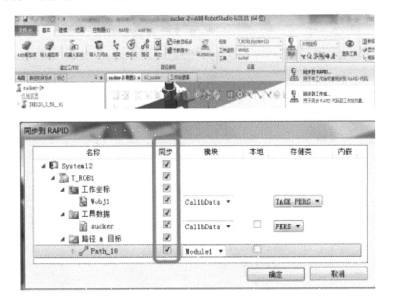

图 5-136

（2）在"仿真"工具栏中点击"仿真设定"；在"仿真设定"编辑窗口，选择仿真对象为"T_ROB1"，进入点为"Path_10"（见图 5-137）。

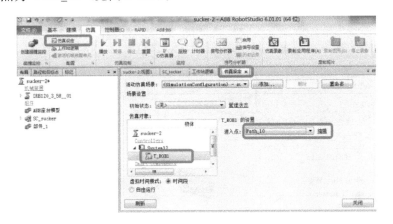

图 5-137

（3）在仿真前，先保存当前状态。在"仿真"工具栏中点击"重置"，选择"保存当前状态"（见图 5-138）。

（4）在"保存当前状态"窗口中，命名当前状态为"initial"，选中要保存的数据，点击"确定"（见图 5-139）。

（5）在"仿真"工具栏中点击"播放"，就可看到机器人的运动效果；选择"重置"即可使机器人回到最初的状态（见图 5-140）。

图 5-138

图 5-139

图 5-140

　　至此,搬运工作站的动画效果制作完成。大家还可以在此基础上进行扩展练习,如修改程序实现码垛功能,导入自己制作的夹具、输送链、产品等素材,模拟实际项目进行动画仿真。

　　RobotStudio 软件的功能非常强大,本书中只介绍了一部分,还有很多功能,如创建动态输送链、创建带导轨的机器人系统、在线功能等在本书中并未介绍,大家可以在其他相关书籍中找到这些内容进行学习。

习　　题

1. 创建自己的工具,在本书实例的基础上构建自己的机器人仿真系统。
2. 自学创建动态输送链内容后,在 5.5 节的搬运工作站中增加动态输送链。

附录 A RAPID 程序指令与功能简述

1. 程序执行的控制
1）程序的调用

指　　令	说　　明
ProcCall	调用例行程序
CallByVar	通过带变量的例行程序名称调用例行程序
RETURN	返回原例行程序

2）例行程序内的逻辑控制

指　　令	说　　明
Compact IF	如果条件满足，就执行下一条指令
IF	当满足不同的条件时，执行对应的程序
FOR	根据指定的次数，重复执行对应的程序
WHILE	如果条件满足，重复执行对应的程序
TEST	对一个变量进行判断，从而执行不同的程序
GOTO	跳转到例行程序内标签的位置
Lable	跳转标签

3）停止程序执行

指　　令	说　　明
Stop	停止程序执行
EXIT	停止程序执行并禁止在停止处再开始
Break	临时停止程序的执行，用于手动调试
SystemStopAction	停止程序执行与机器人运动
ExitCycle	中止当前程序的运行并将程序指针 PP 复位到主程序的第一条指令。如果选择了程序连续运行模式，程序将从主程序的第一句重新执行

2. 变量指令
1）赋值指令

指　　令	说　　明
:=	对程序数据进行赋值

2）等待指令

指　　令	说　　明
WaitTime	等待一个指定的时间，程序再往下执行
WaitUntil	等待一个条件满足后，程序继续往下执行
WaitDI	等待一个输入信号状态为设定值
WaitDO	等待一个输出信号状态为设定值

3）程序注释

指　　令	说　　明
Comment	对程序进行注释

4）程序模块加载

指　　令	说　　明
Load	从机器人硬盘加载一个程序模块到运行内存
UnLoad	从运行内存中卸载一个程序模块
Start Load	在程序执行的过程中，加载一个程序模块到运行内存中
Wait Load	当使用 Start Load 后，使用此指令将程序模块连接到任务中使用
CancelLoad	取消加载程序模块
CheckProgRef	检查程序引用
Save	保存程序模块
EraseModule	从运行内存删除程序模块

5）变量功能

功　　能	说　　明
TryInt	判断数据是否是有效的整数
OpMode	读取当前机器人的操作模式
RunMode	读取当前机器人程序的运行模式
NonMotionMode	读取程序任务当前是不是无运动的执行模式
Dim	获取一个数组的维数
Present	读取带参数例行程序的可选参数值
IsPers	判断一个参数是不是可变量
IsVar	判断一个参数是不是变量

6）转换功能

指　　令	说　　明
StrToByte	将字符串转换为指定格式的字节数据
ByteToStr	将字节数据转换为字符串

3. 运动设定

1) 速度设定

指　　令	说　　明
MaxRobSpeed	获取当前型号机器人可实现的最大 TCP 速度
VelSet	设定最大的速度与倍率
SpeedRefresh	更新当前运动的速度倍率
AccSet	定义机器人的加速度
WorldAccLim	设定大地坐标中工具与载荷的加速度
PathAccLim	设定运动路径中 TCP 的加速度

2) 轴配置管理

指　　令	说　　明
ConfJ	关节运动的轴配置控制
ConfL	线性运动的轴配置控制

3) 奇异点的管理

指　　令	说　　明
SingArea	设定机器人运动时,在奇异点的插补方式

4) 位置偏置功能

指　　令	说　　明
PDispOn	激活位置偏置
PDispSet	激活指定数值的位置偏置
PDispOff	关闭位置偏置
EOffsOn	激活外轴偏置
EOffsSet	激活指定数值的外轴偏置
EOffsOff	关闭外轴位置偏置
DefDFrame	通过三个位置数据计算出位置的偏置
DefFrame	通过六个位置数据计算出位置的偏置
ORobT	从一个位置数据删除位置偏置
DefAccFrame	从原始位置和替换位置定义一个框架

5) 软伺服功能

指　　令	说　　明
SoftAct	激活一个或多个轴的软伺服功能
SoftDeact	关闭软伺服功能

6）机器人参数调整功能

指　　令	说　　明
TuneServo	伺服调整
TuneReset	伺服调整复位
PathResol	几何路径精度调整
CirPathMode	在圆弧插补运动时，工具姿态的变换方式

7）空间监控管理

指　　令	说　　明
WZBoxDef	定义一个方形的监控空间
WZCylDef	定义一个圆柱形的监控空间
WZSphDef	定义一个球形的监控空间
WZHomeJointDef	定义一个关节轴坐标的监控空间
WZLimJointDef	定义一个限定为不可进入的关节轴坐标监控空间
WZLimSup	激活一个监控空间并限定为不可进入
WZDOSet	激活一个监控空间并与一个输出信号关联
WZEnable	激活一个临时的监控空间
WZFree	关闭一个临时的监控空间

注：这些功能需要选项"World zones"配合

4．运动控制

1）机器人运动控制

指　　令	说　　明
MoveC	TCP圆弧运动
MoveJ	关节运动
MoveL	TCP线性运动
MoveAbsJ	轴绝对角度位置运动
MoveExtJ	外部直线轴和旋转轴运动
MoveCDO	TCP圆弧运动的同时触发一个输出信号
MoveJDO	关节运动的同时触发一个输出信号
MoveLDO	TCP线性运动的同时触发一个输出信号
MoveCSync	TCP圆弧运动的同时执行一个例行程序
MoveJSync	关节运动的同时执行一个例行程序
MoveLSync	TCP线性运动的同时执行一个例行程序

2）搜索功能

指　　令	说　　明
SearchC	TCP 圆弧搜索运动
SearchL	TCP 线性搜索运动
SearchExtJ	外轴搜索运动

3）指定位置触发信号与中断功能

指　　令	说　　明
TriggIO	定义触发条件在一个指定的位置触发输出信号
TriggInt	定义触发条件在一个指定的位置触发中断程序
TriggCheckIO	定义一个指定的位置进行 I/O 状态的检查
TriggEquip	定义触发条件在一个指定的位置触发输出信号，并对信号响应的延迟进行补偿设定
TriggRampAO	定义触发条件在一个指定的位置触发模拟输出信号，并对信号响应的延迟进行补偿设定
TriggC	带触发事件的圆弧运动
TriggJ	带触发事件的关节运动
TriggL	带触发事件的直线运动
TriggLIOs	在一个指定的位置触发输出信号的线性运动
StepBwdPath	在 RESTART 的事件程序中进行路径的返回
TriggStopProc	在系统中创建一个监控处理，用于在 STOP 和 QSTOP 中需要信号复位和程序数据复位的操作
TriggSpeed	定义模拟输出信号与实际 TCP 速度之间的配合

4）出错或中断时的运动控制

指　　令	说　　明
StopMove	停止机器人运动
StartMove	重新启动机器人运动
StartMoveRetry	重新启动机器人运动及相关的参数设定
StopMoveReset	对停止运动状态复位，但不重新启动机器人运动
StorePath*	存储已生成的最近路径
RestoPath*	重新生成之前存储的路径
ClearPath	在当前的运动路径级别中，清空整个运动路径
PathLevel	获取当前路径级别
SyncMoveSuspend*	在 StorePath 的路径级别中暂停同步坐标的运动
SyncMoveResume*	在 StorePath 的路径级别中返回同步坐标的运动

*：这些功能需要选项"Path recovery"配合

5）外轴的控制

指　　令	说　　明
DeactUnit	关闭一个外轴单元
ActUnit	激活一个外轴单元
MechUnitLoad	定义外轴单元的有效载荷
GetNextMechUnit	检索外轴单元在机器人系统中的名字
IsMechUnitActive	检查一个外轴单元状态是关闭/激活

6）独立轴控制

指　　令	说　　明
IndAMove	将一个轴设定为独立轴模式并进行绝对位置方式运动
IndCMove	将一个轴设定为独立轴模式并进行连续方式运动
IndDMove	将一个轴设定为独立轴模式并进行角度方式运动
IndRMove	将一个轴设定为独立轴模式并进行相对位置方式运动
IndReset	取消独立轴模式

注:这些功能需要选项"Independent movement"配合

功　　能	说　　明
IndInpos	检查独立轴是否已到达指定位置
IndSpeed	检查独立轴是否已到达指定的速度

注:这些功能需要选项"Independent movement"配合

7）路径修正功能

指　　令	说　　明
CorrCon	连接一个路径修正生成器
CorrWrite	将路径坐标系统中的修正值写到修正生成器
CorrDiscon	断开一个已连接的路径修正生成器
CorrClear	取消所有已连接的路径修正生成器

注:这些功能需要选项"Path offset or RobotWare-Arc sensor"配合

功　　能	说　　明
CorrRead	读取所有已连接的路径修正生成器的总修正值

注:这些功能需要选项"Path offset or RobotWare-Arc sensor"配合

8）路径记录功能

指　　令	说　　明
PathRecStart	开始记录机器人的路径
PathRecStop	停止记录机器人的路径

指　　令	说　　明
PathRecMoveBwd	机器人根据记录的路径作后退动作
PathRecMoveFwd	机器人运动到执行 PathRecMoveBwd 这个指令的位置上

注:这些功能需要选项"Path recovery"配合

功　　能	说　　明
PathRecValidBwd	检查是否有已激活路径记录和是否有可后退的路径
PathRecValidFwd	检查是否有可向前的记录路径

注:这些功能需要选项"Path recovery"配合

9）输送链跟踪功能

指　　令	说　　明
WaitWObj	等待输送链上的工件坐标
DropWObj	放弃输送链上的工件坐标

注:这些功能需要选项"Conveyor tracking"配合

10）传感器同步功能

指　　令	说　　明
WaitSensor	将一个在开始窗口的对象与传感器设备关联起来
SyncToSensor	开始/停止机器人与传感器设备的运动同步
DropSensor	断开当前对象的连接

注:这些功能需要选项"Sensor synchronization"配合

11）有效载荷与碰撞检测

指　　令	说　　明
MotionSup*	激活/关闭运动监控
LoadId	工具或有效载荷的识别
ManLoadId	外轴有效载荷的识别

*:此功能需要选项"Collision detection"配合

12）关于位置的功能

功　　能	说　　明
Offs	对机器人位置进行偏移
RelTool	对工具的位置和姿态进行偏移
CalcRobT	从 jointtarget 计算出 robtarget
CPos	读取机器人当前的 X、Y、Z
CRobT	读取机器人当前的 robtarget
CJointT	读取机器人当前的关节轴角度

功 能	说 明
ReadMotor	读取轴电动机当前的角度
CTool	读取工具坐标当前的数据
CWObj	读取工件坐标当前的数据
MirPos	镜像一个位置
CalcJointT	从 robtarget 计算出 jointtarget
Distance	计算两个位置的距离
PFRestart	检查当路径因电源关闭而中断的时候
CSpeedOverride	读取当前使用的速度倍率

5. 输入/输出信号的处理

1) 对输入/输出信号的值进行设定

指 令	说 明
InvertDO	对一个数字输出信号的值置反
PulseDO	对数字输出信号进行脉冲输出
Reset	将数字输出信号置为 0
Set	将数字输出信号置为 1
SetAO	设定模拟输出信号的值
SetDO	设定数字输出信号的值
SetGO	设定组输出信号的值

2) 读取输入/输出信号值

功 能	说 明
AOutput	读取模拟输出信号的当前值
DOutput	读取数字输出信号的当前值
GOutput	读取组输出信号的当前值
TestDI	检查一个数字输入信号已置 1
ValidIO	检查 I/O 信号是否有效
WaitDI	等待一个数字输入信号的指定状态
WaitDO	等待一个数字输出信号的指定状态
WaitGI	等待一个组输入信号的指定值
WaitGO	等待一个组输出信号的指定值
WaitAI	等待一个模拟输入信号的指定值
WaitAO	等待一个模拟输出信号的指定值

3）I/O 模块的控制

指　令	说　明
IODisable	关闭一个 I/O 模块
IOEnable	开启一个 I/O 模块

6. 通信功能

1）示教器上人机界面的功能

指　令	说　明
TPErase	清屏
TPWrite	在示教器操作界面上写信息
ErrWrite	在示教器事件日志中写报警信息并储存
TPReadFK	互动的功能键操作
TPReadNum	互动的数字键盘操作
TPShow	通过 RAPID 程序打开指定的窗口

2）通过串口进行读写

指　令	说　明
Open	打开串口
Write	对串口进行写文本操作
Close	关闭串口
WriteBin	写一个二进制数的操作
WriteAnyBin	写任意二进制数的操作
WriteStrBin	写字符的操作
Rewind	设定文件开始的位置
ClearIOBuff	清空串口的输入缓冲
ReadAnyBin	从串口读取任意的二进制数
ReadNum	读取数字量
ReadStr	读取字符串
ReadBin	从二进制串口读取数据
ReadStrBin	从二进制串口读取字符串

3）Sockets 通信

指　令	说　明
SocketCreate	创建新的 socket
SocketConnect	连接远程计算机
SocketSend	发送数据到远程计算机

续表

指　　令	说　　明
SocketReceive	从远程计算机接收数据
SocketClose	关闭 socket
SocketGetStatus	获取当前 socket 状态

7. 中断程序

1）中断设定

指　　令	说　　明
CONNECT	连接一个中断符号到中断程序
ISignalDI	使用一个数字输入信号触发中断
ISignalDO	使用一个数字输出信号触发中断
ISignalGI	使用一个组输入信号触发中断
ISignalGO	使用一个组输出信号触发中断
ISignalAI	使用一个模拟输入信号触发中断
ISignalAO	使用一个模拟输出信号触发中断
ITimer	计时中断
TriggInt	在一个指定的位置触发中断
IPers	使用一个可变量触发中断
IError	当一个错误发生时触发中断
IDelete	取消中断

2）中断的控制

指　　令	说　　明
ISleep	关闭一个中断
IWatch	激活一个中断
IDisable	关闭所有中断
IEnable	激活所有中断

8. 系统相关的指令

1）时间控制

指　　令	说　　明
ClkReset	计时器复位
ClkStart	计时器开始计时
ClkStop	计时器停止计时

功　能	说　明
ClkRead	读取计时器数值
CDate	读取当前日期
CTime	读取当前时间
GetTime	读取当前时间为数字型数据

9. 数学运算

1) 简单运算

指　令	说　明
Clear	清空数值
Add	加或减操作
Incr	加 1 操作
Decr	减 1 操作

2) 算数功能

功　能	说　明
Abs	取绝对值
Round	四舍五入
Trunc	舍位操作
Sqrt	计算二次根
Exp	计算指数值 e^x
Pow	计算指数值
ACos	计算圆弧余弦值
ASin	计算圆弧正弦值
ATan	计算圆弧正切值 $[-90,90]$
ATan2	计算圆弧正切值 $[-180,180]$
Cos	计算余弦值
Sin	计算正弦值
Tan	计算正切值
EulerZYX	从姿态计算欧拉角
OrientZYX	从欧拉角计算姿态

说明:本附录摘自机械工业出版社《工业机器人实操与应用技巧》一书。

参 考 文 献

[1] 兰虎. 工业机器人技术及应用[M]. 北京:机械工业出版社,2014.

[2] 叶晖,管小清. 工业机器人实操与应用技巧[M]. 北京:机械工业出版社,2014.

[3] 邵欣,胡敏. 工业机器人操作与应用简明教程[M]. 北京:北京航空航天大学出版社,2016.

[4] 叶晖,等. 工业机器人工程应用虚拟仿真教程[M]. 北京:机械工业出版社,2016.

[5] 龚仲华. 工业机器人编程与操作[M]. 北京:机械工业出版社,2016.

[6] 操作员手册使用入门,IRC5 和 RobotStudio.

[7] 操作员手册 RobotStudio6.01.

二维码资源使用说明

本书部分课程资源以二维码的形式在书中呈现,读者第一次利用智能手机在微信端扫码成功后提示微信登录,授权后进入注册页面,填写注册信息。按照提示输入手机号后点击获取手机验证码,稍等片刻收到 4 位数的验证码短信,在提示位置输入验证码成功后,重复输入两遍设置密码,选择相应专业,点击"立即注册",注册成功(若手机已经注册,则在"注册"页面底部选择"已有账号?绑定账号",进入"账号绑定"页面,直接输入手机号和密码,提示登录成功)。接着提示输入学习码,需刮开教材封底防伪涂层,输入 13 位学习码(正版图书拥有的一次性使用学习码),输入正确后提示绑定成功,即可查看二维码数字资源。手机第一次登录查看资源成功,以后便可直接在微信端扫码登录,重复查看资源。